ビジネスマンが
はじめて学ぶ

ベイズ統計学

ExcelからRへ
ステップアップ

朝野 熙彦
[編著]

土田 尚弘
小野　滋
[著]

朝倉書店

■執筆者

朝野熙彦* 　中央大学大学院戦略経営研究科
［1－5章，付録 A］

土田尚弘 　日本リサーチセンター
［6－8章，付録 B］

小野　滋 　インサイト・ファクトリー
［9章］

（執筆順．＊は編著者）

まえがき

　今日のビジネスでは，生活者や顧客一人一人に対応できる機能と，新しい情報が発生したら過去の知識を即座に修正できる学習機能が重要になっています．この個別対応と学習機能が今日ベイズ統計が脚光を浴びている理由です．

　この本は，社会人の方を読者に想定したベイズ統計の入門書です．21世紀に入ってからベイズ統計に対する人々の関心が高まり，多くの入門書が現れました．それらは，ごく軽い読み物から数学的にきちんと書かれた専門書まで分布しています．読み物は簡単に読了できる反面，表面的な理解しか得られません．また自分の業務にベイズ統計を導入するにはほど遠いものがあります．いっぽう数式がびっしり詰まった本では，数学が苦手な方には歯が立ちません．数学のハードルが高いということは，多くの社会人にとって門前払いを意味するのです．

　結局のところ，社会人の方々に適した入門書はあまりないのではないかというのが私の問題意識です．学生時代に統計学を習ったことがないか，習っても忘れてしまった方々は，せっかくベイズ統計を学ぶ意欲を持ったとしても挫折に終わる可能性が大です．そのような方々の悩みを解決したい，というのが本書を上梓する気になった最大の動機でした．本書のキー・コンセプトは，「誰でも絶対に分かるベイズ統計入門」です．

　ここで「誰でも」を強調した理由は，現実の社会では文系・理系などという出身は意味がないからです．学生時代に相関係数や回帰分析を習ったことがなかろうが，会社から売上データの分析を命じられたら断ることなど出来ないでしょう．コンピューターを使ってデータから情報を抽出して顧客や社内に提案することは，これからの時代の社会人にとってごく日常的な業務になるだろうと思います．

　さて次は読者にどこまでの統計的知識を求めるかという問題です．私としては本書の読者は，合計と平均は理解している，分散はなんとなくわかる，確率と回帰分析は聞いたことがあるというレベルを想定しました．さらに読者は

Σ は嫌いで，$\int$ は大嫌いだと勝手に想定しました．たまたま私はビジネススクールで社会人の方々を相手に長年授業をしてきましたが，Σ と $\int$ を見て喜ぶ学生は珍しく，毛嫌いする学生は多かったように感じています．

さて，本書で紹介する内容は，ベイズの定理と共役事前分布，階層ベイズとMCMCです．入門書ですので，発展的なモデルや計算技術の詳細までは紹介していません．すべてがベーシックな内容ばかりです．

では本書の独自性がどこにあるのかといえば，何を書いたかではなく，どう書いたかというスタイルにあります．ベイズ統計を「絶対に分かってもらう」ために本書がとった執筆方針は次の通りです．

1) 空虚な事例をあげない

確率や統計学のテキストを見ると，とかくサイコロやトランプや壺の例が出てきます．これらは確率現象を説明するのに適した例なのですが，読者には解説全体が絵空事に感じられるのではないでしょうか．この1年間にサイコロを振ったりトランプをしたことのある社会人はどれほどいるのでしょうか？　あなたは壺の中の球などに関心がありますか？

本書では企業で働くビジネスマンに合わせてテレビ番組，スマートフォン，健康増進，結婚式などの身近な話題を事例にあげました．「たとえ話」が何だろうがベイズ統計の本質は変わらないじゃないか，というのは執筆する側の言い分です．ビジネスマンは日々の生活と関係ない事例を見ると読む気力を失ってしまいがちなのです．

2) 主観確率を強調しない

統計ユーザーがこれまでベイズ統計にしり込みをしてきた理由の1つが，主観確率の強調にあったと思います．これまで日本の学校教育で教えてきた統計学は，目の前の分析データだけからモノをいおうとするストイックな立場をとっていました．そのため分析データとは別に存在する事前確率などは主観的だとして否定してきたのです．企業のデシジョンにおいても「主観」は否定されるのが常識です．企業の中で主観を主張して許されるのは，仮にそういう人がいたとしてワンマン社長一人だけでしょう．

そこで本書では事前分布はあいまいでも仕方ないことにする，という立場を

とりました．事後分布の情報を次回の事前分布の決定に反映できれば，初回推定の影響はベイズ推定を繰り返すほど減っていくでしょう．1回目の推定は長い学習過程の初期値にすぎないという見方です．そのため本書では主観確率という概念は強調しません．

3) 積分の計算をしない

一般のビジネスマンにベイズ統計をとっつきづらくさせている原因は積分にあったと思います．

本書は積分の計算をしない，という方針をとりました．実務レベルの複雑なモデルであっても，事後分布のカーネルをサンプリングで生成することでベイズ推定が可能になります．読者自身が紙と鉛筆で定積分の計算をする必要はないのです．もちろん本書でも説明のために Σ と $\int$ の記号は出てきます．けれども，Σ は足すことであり $\int$ は面積を求めることだとざっくりと理解してもらえば結構です．計算の実行はコンピューターに任せればよいからです．

4) 数式展開に頼らない

本書は従来の統計学のテキストと比べると，数式展開を必要最小限にとどめています．できるだけ数式展開に頼らず，グラフと言葉だけで説明しようというのが本書の方針です．

さらに読みやすさを優先して，ギリシャ文字をできるだけ避けてアルファベットを使いました．数式の記法は数学の慣用に従うべきだ，というのはもっともな見識です．けれども一般の社会人は ξ や η などの記号をみると，そもそも読み方も分からないし，すごく高度な数学であるかのように誤解しがちです．ギリシャ文字くらいの些細なことで読者が挫折するのは避けたいと考えました．

5) 拙速にアウトプットを出さない

本書では1章の確率分布の基礎から始めてベイズ統計の実用に至るまでのプロセスを丁寧にたどって，読者の理解を得るように心掛けました．

初心者にとっては，実際にPCを使ってベイズ統計を実行してみるのが早わかりです．そのため本の前半ではExcelを使って手計算風に一歩一歩ベイズ統計を理解してもらいます．その後だんだんとRとSTANに移行するようにしました．ExcelからRそしてSTANまでが1冊の本に出てくる入門書は珍しいと思います．本書で使われた主要なコードとデータは朝倉書店のWebサイ

ト（http://www.asakura.co.jp/）にアップしました．本を読みながら実習してみてください．結論的には専用のパッケージを使うのが手っ取り早いのですが，その代わり自分が何をしているかがブラックボックスになりがちです．本書はPCの使用マニュアルではありません．入門書というからには，ベイズ統計のアイデアに入門できることを目標にしたいと思います．

以上，本書の特徴を述べてきましたが，要するにベイズ統計を楽しく学んでいただきたい，というのが真意です．ただし本書はベイズ統計の長所ばかりを宣伝する意図はありません．ベイズ更新がいつも簡単にできるとは限らないとか，事前分布の一意な決め方が未解決だという悩ましい問題もあることを正直に打ち明けています．ベイズ統計の弱みや難所をわきまえたうえで利用するほうが，超楽観的なユーザーよりもはるかに良いユーザーになるでしょう．

ベイズ統計はスパムメールのフィルタリングや，Googleの検索エンジン，マイクロソフトのヘルプ機能などで活躍しています．またAI（人工知能）や行動連動型リコメンデーションなどにも使われているそうです．それら様々なベイズ統計に共通することはベイズの定理にもとづいて分析を行う，という一点につきます．そのベイズの定理を使う統計学者や実務家をベイジアンと呼びます．本書によって諸姉諸兄もベイジアンに仲間入りされることを期待しています．

最後に，本書を出版するにあたりお世話になった方々を紹介したいと思います．編著者である朝野は本書の基礎編にあたる1章から5章を執筆しました．6章〜8章のMCMCと階層ベイズは土田尚弘氏に，9章のビジネスへの応用は小野滋氏に執筆を分担してもらいました．このお二人はベイズ統計の実社会での応用はもちろん理論面にも詳しいエキスパートです．

その他に「マーケティングとデータ解析研究会」のメンバーにもお世話になりました．同研究会は2013年6月28日から2014年12月19日まで六本木のSAS Institute Japanで開催されました．研究会に参加された三浦暁（博報堂DYメディアパートナーズ）・中見真也（学習院大学）・松本和宏（富士通研究所）・田村玄（ビデオリサーチ）・藤居誠（東急エージェンシー）・橋本武彦（データサイエンティスト協会）・石原聖子（富士ゼロックス）・新井博英（グ

リーンハウスフーズ）・大屋伸彦（ソニー銀行）の諸氏には貴重なディスカッションを通じて本書を執筆する後押しをしていただきました．また味の素とリサーチ・アンド・ディベロプメントからは資料をご提供いただきました．最後に朝倉書店の編集部の皆様には本書の企画から出版まで大変にお世話になりました．以上の皆様に感謝いたします．

2017 年 1 月

朝 野 熙 彦

目次

第1章 確率分布の早わかり……………………………………………1
1.1 確率変数について　*1*
1.2 いくつかの離散型の確率分布　*11*
1.3 いくつかの連続型の確率分布　*15*
1.4 行列とベクトル　*20*
コラム：ポアソン分布　*24*

第2章 ベイズの定理の再解釈……………………………………25
2.1 ベイズの定理とは　*25*
2.2 ベイズ統計のロジック　*28*
コラム：トーマス・ベイズ　*35*

第3章 ナイーブベイズで即断即決………………………………36
3.1 スパムメールをフィルタリング　*36*
3.2 スパムメールを判定するロジック　*37*
3.3 フィルタリングはなぜ上手く働くのか　*42*
3.4 Excelへの実装　*46*
コラム：ナイーブベイズの実務への導入　*48*

第4章 事前分布を組み入れた推定………………………………49
4.1 過去の実績で補正する　*49*
4.2 Excelで実行確認　*59*
4.3 事前分布の選びかた　*65*
コラム：シミュレーションデータの発生法　*69*

第 5 章　ノームを手軽に更新 ……………………………………………………… 71
　5.1　めでたい結婚式　*72*
　5.2　新しいデータをもとにベイズ推定を行う　*75*
　5.3　ベイズ更新を考える　*83*
　コラム：学習サイクルについて　*91*

第 6 章　MCMC で事後分布を推定 ………………………………………………… 92
　6.1　モンテカルロ法　*92*
　6.2　マルコフ連鎖　*97*
　6.3　ギブス・サンプリング　*105*
　6.4　メトロポリス・ヘイスティングス・アルゴリズム　*112*

第 7 章　階層ベイズ・モデルでコンジョイント分析 ……………………………… 124
　7.1　階層ベイズ・モデル　*124*
　7.2　階層ベイズ・モデルの事後分布　*130*
　7.3　コンジョイント分析　*132*
　7.4　R によるモデルの推定　*138*
　コラム：逆カイ二乗分布と逆ウィシャート分布　*150*

第 8 章　空間統計モデルで地域分析 ……………………………………………… 151
　8.1　空間統計モデル　*152*
　8.2　空間重み行列　*156*
　8.3　分析例　*159*
　コラム：ハミルトニアン・モンテカルロ法　*169*

第 9 章　ビジネスの中のベイズ統計 ……………………………………………… 170
　9.1　複数の予測を結合する　*170*
　9.2　イノベーションの普及を予測する　*175*
　9.3　ブランド・イメージを測定する　*184*

付　録 ··· 194
　A．Rの環境設定　*194*
　B．RによるStan入門　*196*
　B.1　rstanのインストール　*196*
　B.2　R上での実行例　*197*

索　引 ··· 214

確率分布の早わかり

　最近ではベイズ統計を実行してくれる計算環境が整ってきたおかげで，ユーザーにとって応用上のハードルがずいぶん低くなりました．けれども，ユーザーが自分の問題に適した統計モデルを選ぶためにも，そしてコンピューターから出てくるアウトプットを理解するためにも，ベイズ統計の基本的なロジックを理解していることは必要です．そしてそのためには確率と統計学について多少の知識が必要になります．

　そこで本章では，統計学の初心者のために確率と統計学の初歩をおさらいしたいと思います．具体的には確率と条件付き確率，離散型と連続型の確率変数の区別，そして本書で必要になる確率分布をとりあげます．最後に行列とベクトルの記法を簡単に紹介します．自分はそんな基礎知識くらい分かっている，という方は1章を飛ばして2章から読み始めて大丈夫です．

1.1　確率変数について

■　確率とは何か

　複数の事象（結果とか出来事のこと）が起こる可能性があるものの，そのどれが起きるかは偶然による[1]実験や観測のことを試行といいます．顧客アンケートをして顧客に回答選択肢（例えば最近飲んだビールはどれか？）から1つを選んでもらうのも試行の一種です．試行で起こりうる事象を標本点といっ

---

[1]　偶然とは確実な予測ができないという意味であって統計的な規則性がないという意味ではありません．

て A や B のようなアルファベットで表し，標本点の全体集合を T と書きそれが要素から成ることを $T=\{A, B, \cdots\}$ で表します[2]．さて T のすべての事象に何らかの実数を対応させる関数 $P(\ )$ があって，その関数が次の 3 つの性質を満たすときに，関数 $P(\ )$ がとる値を確率といいます[3]．

(1) $\qquad\qquad\qquad 0 \leq P(A)$
(2) $\qquad\qquad\qquad P(T)=1$ $\qquad\qquad$ (1.1)
(3) $\qquad\qquad\qquad P(A \cup B)=P(A)+P(B)$

ここで $P(A \cup B)$ は A または B が起きる確率です．ただし A と B が同時に起きることはないとします．それを排反といいます．

以上 3 つが確率の性質です．(1) は確率はマイナスの値をとらないという確率の範囲を示しています．(2) は，全体の確率は 1 だというあたりまえの性質です．(3) は排反の事象については確率が足し算で表されることを意味しています．これを「加法性」と呼びます．

なお (1.1) 式の (1)(2)(3) から $0 \leq P(A) \leq 1$ という確率の性質が導かれます．この性質と (2) の $P(T)=1$ は関数 $P(\ )$ が確率の関数なのかを判定するためのチェックポイントとして用いられます．

■ 確率の和と積

一般的に $A \cup B$（A または B）という事象がどう表されるかを示したのが図 1.1 です．A と B の事象が同時に起きる領域を AB で表しています．A，B の頭についている $\overline{A}, \overline{B}$ はその事象が起きないという「否定」を表します．ですから，この図の左の $A\overline{B}$ は A は起きたが B は起きなかったことを意味します．

証明は省きますが，一般に次の確率の式が成り立ちます．

$$P(A \cup B)=P(A)+P(B)-P(AB) \qquad (1.2)$$

くり返しますが確率の性質の (3) は (1.2) 式において $P(AB)=0$，つまり A と B が排反のときに成り立つ式でした．

次に A と B が同時に成り立つ確率について，次の積の関係が成り立つ場合

---

[2] 標本点のすべてを含んだのが標本空間 T です．慣用的にはギリシャ文字のオメガで表すのですが，本書ではギリシャ文字の使用をできるだけ避けたいと思います．

[3] 直感的にいえば，$P(\ )$ の値はある結果がどれくらい起きそうかを表した数値です．

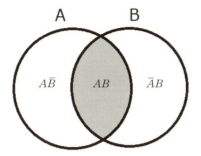

図 1.1 A または B が起きる確率の図

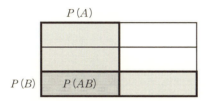

図 1.2 事象が独立な場合の確率

を考えてみましょう．

$$P(AB) = P(A)P(B) \tag{1.3}$$

(1.3) 式が成り立つとき事象 A と B は独立であるといいます．確率の大きさを面積で表せば，独立である状態は図1.2のように表せます．

図1.2は

$$P(A) = \frac{1}{2}, \qquad P(B) = \frac{1}{3}$$

としたときに

$$P(AB) = P(A)P(B) = \frac{1}{2} \times \frac{1}{3} = \frac{1}{6}$$

が成り立つという関係を表したものです．確かに $P(AB)$ は全体の 1/6 の面積になっていますね．お客様は男女が半々，ラーメンが好きなお客様が 1/3 だとすれば，男性でラーメンが好きな人はお客様全体の 1/6 になるというのが (1.3) 式の意味です．

(1.3) 式の関係は現実社会で常に成り立つわけではありません．むしろ独立性というのは事象の生起を単純化して扱うための「仮定」にすぎないのが普通

です．3章のナイーブベイズでその具体的な応用例を示します．

■ **確率変数**

事象に対して何らかの実数のコードを対応させて変数 X を定義して，さらにその X から定まる確率 $P(\ )$ が（1.1）式の3つの性質を満たす場合，その変数 X を確率変数（random variable）と呼びます．次のようにややこしい関係なので注意してください．

$$\text{事象} \Rightarrow \text{確率変数 } X \Rightarrow X \text{ の関数として導かれる確率}$$

その実数のコードは，たいていは自然に定めることができるのですが，ユーザーが勝手にルールを決める余地も残っています．たとえば，生まれる子供の性別を表現するために，男のときは $X=1$，女のときに $X=-1$ という値をつけることもできます[4]．こうして変数を定義したうえで，

$$P(X=1)=1/2, \quad P(X=-1)=1/2$$

として関数 $P(X)$ を定めれば，X は確率変数になります．なぜなら $0 \leq P(X) \leq 1$ ですし，男女の確率の和は1になるからです．

結論としては，ユーザーが解釈しやすいように適当にコード対応を決めればよいのです．もし女の子が生まれたら $X=-1$ とするのは性差別だと思われるのでしたら，男なら0，女なら100のコードを与えることにしても構いません．いずれにしても，性別の場合はとびとびの離散的な値しかとりません．

確率変数はこのように離散的な値しかとらない離散型の確率変数と，スポーツで消費したカロリーのような連続的な値をとる連続型の確率変数の2種類があります．

■ **離散型の確率変数**

まず離散型とは変数がとびとびの値しかとらない場合です．一軒の家で保有している冷蔵庫の台数に着目するなら，その値は離散的です．

保有台数は $X=0, 1, 2, \cdots$ と整数で変化しますが，一軒の家が1と2の間の

---

[4] 事象が2通りしかないデータを2値データ（binary data）といいます．コードづけのルールは，異なる事象には異なる数値を与える，というだけのゆるいものです．連続型の変数であっても，ビールの生産量をキロリットルで表すか，ccで表すかはユーザーの都合で決めればよいことなので単位の決定に任意性があります．

表 1.1　冷蔵庫の保有台数 X の確率分布

台数	0台	1台	2台	3台	4台	合計
確率	0.01	0.70	0.20	0.08	0.01	1

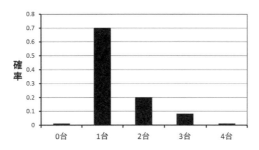

図 1.3　冷蔵庫の保有台数の確率関数のグラフ

1.273 台の冷蔵庫を保有するということはないからです．そして $X=0, 1, 2, \cdots$ に対して確率を対応させたものを確率分布と呼び，対応させるルールを確率関数といいます．

整数の連番を一般的に j として実現値を x_j で表します[5]．すると確率関数は $P(X=x_j)=p_j$ と書くことができます．記号では具体的なイメージがわかないでしょうから表 1.1 に架空の例を示しました．表 1.1 の最初のセルは $P(X=0)=0.01$ であることを示しています．表 1.1 と同じ情報をグラフに描いたのが図 1.3 です．

図 1.3 を見ると確率関数は相対頻度の棒グラフに似ていると思いませんか．確率関数は抽象的な概念ですが，その実社会での裏付けとして相対頻度を考えるのは有用です．表 1.1 と図 1.3 が先に示した確率の性質を満たしていることを確認しておきましょう．

まず台数 $x_j=0, 1, 2, 3, 4$ に対応した確率はどれも (1) の $0 \leq p_j$ を満たしています．また台数は互いに排反ですから (2), (3) から $p_0+p_1+p_2+p_3+p_4=1$ になるべきですが，ちゃんとそうなっています．

ビジネスの現場では，それを確率的な現象とみなすかどうかは別にして，離散的な変数がしばしば登場します．顧客の総数，一日の来店客数，クレームの

---

[5] 確率変数がとる値のことを「実現値」と呼びます．

発生件数，これらはすべて離散的な変数です．

■ **同時確率と条件付き確率**

離散型の確率変数を述べたついでに，同時確率（joint probability）と条件付き確率を説明しましょう．ここではカテゴリーに分類してカウントするのが簡単な例をとりあげます[6]．

2014年AMC調査[7]の中に，既婚女性の新聞閲読率が82.1%だという結果がありました．ここでは新聞を読む人を閲読者として定義しました．ですから月ぎめで購読していなくても新聞さえ読んでいれば閲読者に含めます．また同調査では20歳以上の既婚女性を10歳刻みで分類した構成比も調べています．そこで年齢区分を確率変数A，新聞閲読の有無を確率変数B，として説明しましょう．

まず見てもらいたいのは，2つの確率変数が同時に生起する同時確率$P(AB)$の分布です．2つの分類を同時に利用して集計テーブル[8]を作りました．そのテーブルの各セルの該当者数を全回答者の1800人で割ったのが表1.2です．

表1.2の中でグレーを付けたセルの数値が2つの事象が同時に起きる同時確率を表しています．12個のセルの同時確率を合計すると1になります．そして，その同時確率を行方向と列方向にそれぞれ合計したものを周辺確率といいます．行方向とは横の配列をいいます．たとえば表1.2の1行目にある20代について行方向の和をとれば次の通りになります．

$$0.018+0.034=0.052$$

0.052は新聞の閲読に関する情報を無視して，単純に20代の人が出現する確率を意味しています[9]．要するに周辺確率とはAかBか一方の確率変数だけに着目した確率に他なりません．このように同時確率から出発して周辺確率を求めることを**周辺化**といいます．周辺化というと難しげですが，離散変数で

---

[6] 連続的な変数であっても表1.2の年齢区分のように区切りを決めれば分類できます．なお同時分布は結合分布ともいいます．

[7] AMC調査というのは味の素㈱が1978年以降定期的に実施しているAJINOMOTO Co. Monitoring Consumer Surveyの略称です．この調査では全国の20～79歳の女性1800人を調査対象者にして食生活に関する意識と行動を調査しています．

[8] これをクロス集計表と呼びます．

[9] 表1.2にはセルの合計が周辺確率と一致しない箇所がありますが，それは四捨五入の丸め誤差の影響です．

表1.2 同時確率と周辺確率

	閲読 B1	非閲読 B2	周辺確率
20代 A1	0.018	0.034	0.052
30代 A2	0.106	0.084	0.190
40代 A3	0.158	0.039	0.197
50代 A4	0.195	0.011	0.206
60代 A5	0.219	0.007	0.227
70代 A6	0.123	0.004	0.128
周辺確率	0.821	0.179	1.000

あれば同時確率を一方向に足しあげることを指します．

次に条件付き確率（conditional probability）とは，ある変数の実現値を知った場合に他の変数がとる確率を指します．たとえば20代であるという条件付きでの新聞の閲読確率がどうなるかを見てみますと

$$P(B_1|A_1) = \frac{P(A_1 B_1)}{P(A_1)} = \frac{0.018}{0.052} = 0.346 \tag{1.4}$$

3ページに戻って図1.1を眺めれば（1.4）式の意味が理解しやすくなると思います．$P(B_1|A_1)$の縦棒の右には条件，左には結果を書いています．つまり条件付き確率とは図1.1でAの領域に限定して，A領域に占めるAB領域の比を出すことだと定義しているのです．データの集計でいえば，年代ごとに新聞の閲読状況をブレイクダウンすることと同じです．調査ではこれを新聞閲読率の年齢別クロス集計といいます．

さて20代女性の新聞閲読率は約35%なので全体の閲読率である82%とは大きな違いがあります．他の年代についても同様に計算をしたのが図1.4です．

$P(B_1|A_1) \neq P(B_1) = 0.82$ ということは新聞閲読と年代が独立ではないことを意味します．ではもし独立だったら同時分布はどうなるかというと表1.3のようになります．

独立な場合の同時確率は，次式に従って周辺確率の積を求めればよいのです．自分でもいくつか検算してみるとよいでしょう[10]．

$$P(A_i B_j) = P(A_i)P(B_j), \quad i=1,2,\cdots,6 \quad j=1,2 \tag{1.5}$$

---

10) たとえば $P(A_1 B_1) = P(A_1)P(B_1) = 0.052 \times 0.821 = 0.043$

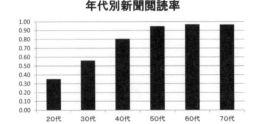

図 1.4 条件付き確率とは何を意味するか

表 1.3 A と B が独立だった場合

	閲読 B1	非閲読 B2	周辺確率
20代 A1	0.043	0.009	0.052
30代 A2	0.156	0.034	0.190
40代 A3	0.162	0.035	0.197
50代 A4	0.169	0.037	0.206
60代 A5	0.186	0.041	0.227
70代 A6	0.105	0.023	0.128
周辺確率	0.821	0.179	1.000

■ **連続型の確率変数**

実数の値をとる変数を連続型といいます．為替レートも理論上はいくらでも細かい小数がとれますので連続型です．肉の消費量やカロリーの摂取量も現実にどこまで精密に測れるかは別にして理論上は実数のはずです．そのほか，商業立地やショッピング行動にかかわる時間や距離も連続型の変数です．

連続型の確率変数の場合は実現値が無数にあり得るので，表1.1のようにすべての場合を書き出すことができません．そこでグラフで表現するか関数で表すことになります．この関数のことを**確率密度関数**と呼び $f(X)$ と書きます．

英語の probability density function を略して確率密度関数のことを pdf と表記する本もよくあります．連続型の確率変数の場合は関数 $f(X)$ と横座標の間に挟まれた面積で確率の大きさを表します．$f(X)$ が定義されている全域にわたって面積を出せば 1 ですし，確率変数 X を一定の区間に限定した場合は，その部分の確率になります．たとえば図1.5は**標準正規分布**という分布の確率

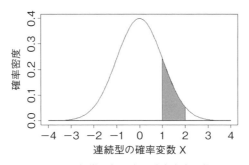

図 1.5 標準正規分布の確率密度関数

密度関数 $f(X)$ を描いたものです．ここでグレーをかけた領域の面積が 0.136 でこれが確率の大きさを表します．%でいえば全体の 13%強だということをイメージでつかんでください．数学らしくきちんと書くならグレー部分の面積は次の積分で表します．

$$P(1 \leq X \leq 2) = \int_1^2 f(x)dx = 0.136 \qquad (1.6)$$

しかし読者が自分で積分の数値計算をする必要はありません[11]．なぜならよく知られた確率分布については積分結果の数表が発表されています．もし数表が見つからない場合でも Excel その他の統計プログラムには必要な関数が組み込まれていますから，ユーザーはただ結果を出せと命令すれば済むからです．また 6 章では積分計算を回避するシミュレーションについて解説しています．近年の実用レベルでのベイズ統計では，積分計算をせずシミュレーションによって必要な結果を出す方が大勢になっています．

次に確率密度関数の意味を考えましょう．図 1.5 でピッタリ $X=1$ をとる確率は 0 です．この線分の高さは 0.24 くらいですが幅が 0 ですから高さはどうであれ線分の面積は 0 になるのです．

以上の理由から図 1.5 の縦座標は確率とは呼ばず，事象の発生しやすさの濃淡を表すという意味で確率密度（probability density）と呼んでいます．確率密度の値は，マイナスになることはありませんが，プラスの方は 1 を越えるこ

---

[11] 積分計算はほぼ不要だ，というのが本書の立場です．とはいえ，(1.6) 式の $\int$ と dx という記号が，関数の上下の区間を指定して，そこに挟まれた面積を求めろという命令だ，という意味くらいは承知してください．

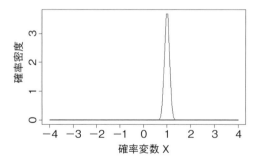

図1.6 確率密度の値は1を超えることもある

表1.4 2種類の確率変数

	離散型	連続型
確率変数Xの範囲	$\cdots, -2, -1, 0, 1, 2, \cdots$	$-\infty < x < \infty$，その他の実数区間
関数の呼び方	確率関数	確率密度関数
関数の値の範囲	$0 \leq P(x) \leq 1$	$0 \leq f(x) < \infty$
確率の合計が1であるということの数式表現	$\sum_{j} P(X = x_j) = 1$	$\int_{-\infty}^{\infty} f(x) dx = 1$

ともあります．信じられないかもしれませんので，別の確率密度関数を描いたのが図1.6です．この関数は確率変数が1の位置で4に近い値をとりますが，これも $f(X)$ が定義されている全域にわたって面積を出せば1になります．

さて，離散型と連続型の違いは混乱しがちなので，これまでに述べたことを整理したのが表1.4です．連続型の欄で $0 \leq f(x) < \infty$ と $\int_{-\infty}^{\infty} f(x) dx = 1$ と書いたのが確率の性質（1）と（2）に対応しています[12]．

確率の性質（3）の加法性の例として，図1.7の標準正規分布でグレーをつけた2か所の面積の和をあげましょう．この例では

$$P(A) + P(B) = \int_{-\infty}^{-1} f(x) dx + \int_{1}^{2} f(x) dx$$

です．

図1.7から確率は3分の1くらいだろうと見た目で見当がつきます．正確には $0.159 + 0.136 = 0.295$ です．

---

12) ∞ は無限大の記号です．確率密度関数 $f(x)$ の積分は0以上になります．

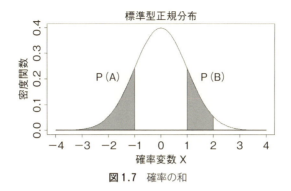

図 1.7 確率の和

このように従来の統計学では離散型と連続型を明確に区別するのですが、ベイズ統計学では、両者を区別することなく、まとめて確率分布 $f(x)$ ということが普通です。この点については 2 章であらためて説明します。

1.2 いくつかの離散型の確率分布

以下、本書で必要になる確率分布を紹介していきます。4 章と 5 章には 2 項分布とポアソン分布が出てきますが、その理論的な基礎はベルヌーイ試行に求められます。

■ ベルヌーイ試行

次の 3 つの条件を満たす試行をベルヌーイ試行といって、これが離散型の確率分布の基礎概念になります。
(1) 試行の結果は成功 1 か失敗 0 のいずれか 1 つである
(2) 成功確率 p は試行を通じて一定である
(3) 試行はそれぞれ独立である。つまりどの試行の結果も他の試行の結果に左右されることはない

(1) で「成功」というのは反応が 1 か 0 のうちの 1 だというだけで、ただの言葉の綾にすぎません。たとえば顧客が離脱した、というような困った出来事にフォーカスして統計モデルを作ることもあります。

また (2) と (3) は、統計学の理論で仮定されることが多い条件です。2 つま

とめて iid（**独立同一分布**，independently and identically distributed）に従うと記述します．

　この仮定は世の中が iid に従っていると主張しているわけではありません．そうではなくて，もしこの条件が満たされれば，その先どういう議論ができるか，といっているだけです．

■ 2項分布

　2項分布はベルヌーイ試行を n 回繰り返した結果，そのうち何回成功するかについての確率分布です．確率変数 X は成功した回数です．X の確率関数は (1.7) 式で表されます．X は 0 から n までの整数の値をとります．

$$P(X=x) = \binom{n}{x} p^x q^{n-x}, \qquad x=0, 1, 2, \cdots, n \qquad (1.7)$$

　(1.7) 式左辺の $P(X=x)$ という記号が分かりづらいかもしれませんが，これは確率変数 X が実現値 x をとる確率，という意味です．そんなに丁寧に書かなくても分かるだろう，ということで $P(x)$ と略することがあります．本書でもこの先は $P(x)$ と書くことにします．(1.7) 式のそのほかの記号の意味ですが，p は成功確率で q は $q=1-p$ で失敗確率です．2項分布の平均[13]は np に一致します．$\binom{n}{x}$ は2項係数といって，n 個から x 個を選ぶ組み合わせの数を示します[14]．その具体的な計算式は次の通りです．

$$\binom{n}{x} = \frac{n!}{x!(n-x)!} \qquad (1.8)$$

ここで $n! = n(n-1)(n-2)\cdots 2 \cdot 1$ はエヌの階乗と読みます[15]．

　さて (1.7) 式の確率分布の定数は試行数の n と p だけです．q は $(1-p)$ と書くこともできるので，結局 n と p さえ決まれば (1.7) 式の分布は確定します．このような定数を確率分布のパラメータと呼びます[16]．2章以降ではパラメータを一般に θ で表します．

---

[13] 確率分布の理論的な平均は「期待値」と呼ぶのが正しいのですが，本書では実務でよく使う平均あるいは平均値という用語を使います．

[14] 数値例をあげれば $\binom{3}{2} = \frac{3!}{2!1!} = \frac{3\times 2\times 1}{2\times 1\times 1} = 3$，$\binom{n}{x}$ を $_nC_x$ と書く記法もあります．

[15] たとえば4の階乗は $4! = 4\cdot 3\cdot 2\cdot 1 = 24$ です．

[16] パラメータを母数と呼ぶこともあります．一方が正しくて他方が間違いということはありません．

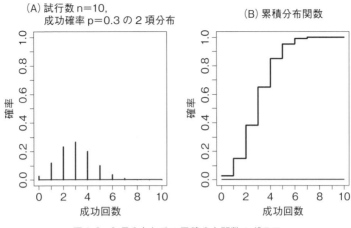

図1.8 2項分布とその累積分布関数のグラフ

試行数が10で成功確率が0.3の2項分布のグラフを図1.8(A)に示しました.確率変数は離散型ですから垂線のある所でしか確率変数は値をとりません.$n \times p = 10 \times 0.3 = 3$がこの確率分布の平均値です.(A)の確率関数は$X=3$のところで一番大きな値をとっています.その時の$X=3$を最頻値とかモードと呼びます.

次に(B)のグラフは左のグラフを小さい方から順次積み上げていったグラフで累積分布関数といいます.この関数は,Xがその値以下をとる確率$P(X \leq x)$を示すものです.たとえばXが1以下の確率は,$X=0$のときと$X=1$の確率の和ですから

$$P(X \leq 1) = P(0) + P(1) = 0.028 + 0.121 = 0.149$$

です.これは成功回数1の所で図1.8(B)の関数がぴょんと上がっていることに対応します.階段状に関数が上がっていくのでこのような関数をステップ関数 (step function) と呼びます.

累積分布関数を見れば,この試行の結果は成功数が7回くらいで頭打ちになることが読みとれます.

■ **ポアソン分布**

ポアソン分布は2項分布のように試行数をいくつと決めるわけではなく,一

定期間内に稀な事象が何回発生するかについての確率モデルです．ポアソン分布に従う事象の特徴は，2項分布の特殊な場合として次のようにまとめることができます．

① 成功確率 p はゼロではないが極めて小さい
② 試行数 n は固定しておらず極めて大きい
③ 平均値である $np=\lambda$ は一定

ポアソン分布は単位時間内とか単位空間内で特定の事象が何回発生するかを問題にする確率モデルです．その成功回数に理論的な上限はありません．

たとえば，超高級品の店が賑やかな商店街にあったとして，毎日大勢の人（n 人）が店舗の前を通っていきます．そのうち実際に入店して買い物をしてくれるお客様は1日に少人数（たとえば3人）かもしれません．そういう観察を1年続ければ365日分のデータが得られます．1日あたり購入客数の分布はどうなるでしょうか？というタイプの問題です．

$$P(x)=\frac{\lambda^x e^{-\lambda}}{x!}, \qquad x=0,1,2,\cdots \qquad (1.9)$$

(1.9) 式がポアソン分布です[17]．ポアソン分布のパラメータは λ ($\lambda>0$) だけですが，この λ がポアソン分布の平均と分散に一致します．

図1.9に $\lambda=3$ のポアソン分布の確率関数を縦の棒線で描きました．また2項分布ならどうかを丸印で示しました．$n=1000$，$p=0.003$ の2項分布を描いたのでこれも平均は3です[18]．

n はそう大きくないのですが，この程度の n 数で2項分布とポアソン分布は形状が似てくることが分かります．

---

17) e はネイピア数といって，2.7182……の無理数です．
18) 2項分布は○印がついた横座標以外では値をとりません．図1.9は分布の形を読み取りやすくするために点線を描いただけです．

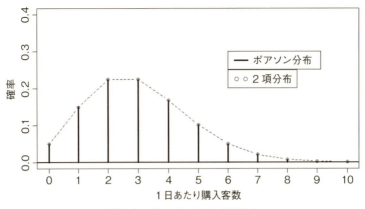

図1.9 ポアソン分布と2項分布

分散（variance, σ^2）

分散はデータの散らばりを表す指標で，各データの平均（mean）からの差の二乗和をデータ数で割ったものです．5つのデータの組 $\{6, 4, 3, 2, 0\}$ で計算しますと，平均が3なので

$$\sigma^2 = \frac{1}{5}\{(6-3)^2 + (4-3)^2 + (3-3)^2 + (2-3)^2 + (0-3)^2\}$$
$$= \frac{1}{5}\{3^2 + 1^2 + 0^2 + (-1)^2 + (-3)^2\} = \frac{1}{5} \times 20 = 4$$

となり，分散は4と求められます．分散の正の平方根をとった値が**標準偏差**（standard deviation, sd, σ）でこの場合は2になります．

1.3 いくつかの連続型の確率分布

■ 正規分布

正規分布は，統計学で重要な位置を占める確率分布です．その確率密度関数は (1.10) 式の通りです．

$$f(x) = \frac{1}{\sqrt{2\pi}\sigma} \exp\left\{-\frac{1}{2}\left(\frac{x-\mu}{\sigma}\right)^2\right\}, \quad -\infty < x < \infty \quad (1.10)$$

確率変数 X の実現値が x で，π（パイ）[19] は定数です．この関数のパラメータは μ（ミュー）と σ（シグマ）の2つです．μ は平均，σ は標準偏差を表します．この2つの記法はあまりにも広く定着していますので，例外的にギリシャ文字を使うことにします．σ の二乗 σ^2 が分散です．正規分布は，その平均と分散によって $N(\mu, \sigma^2)$ と略記するのが普通です[20]．

(1.10) 式で $\mu=0$, $\sigma=1$ とおくと (1.11) 式が得られますが，これは標準正規分布と呼ばれている確率密度関数です．

$$f(x) = \frac{1}{\sqrt{2\pi}} \exp\left(-\frac{1}{2}x^2\right), \quad -\infty < x < \infty \quad (1.11)$$

すでに見た図 1.5 がこの標準正規分布でした．また図 1.6 は平均が 1 で標準偏差が 0.1 の正規分布でした．

■ ベータ分布

ベータ分布は範囲が 0 から 1 の間をとる確率分布でありベイズ統計で重要な役割をはたします．

$$f(x) = kx^{a-1}(1-x)^{b-1}, \quad 0 \leq x \leq 1 \quad (1.12)$$

(1.12) 式の k は関数が確率分布である条件 $\int f(x)dx = 1$ を満たすように決められた定数です．それで納得すればいいのですが，k が何かが気になるのでしたら，(1.12) 式を $0 \leq x \leq 1$ の範囲で積分して 1 とおけば k が出てきます．

$$\int_0^1 f(x)dx = k\int_0^1 x^{a-1}(1-x)^{b-1}dx = 1 \quad \text{から} \quad k = \left[\int_0^1 x^{a-1}(1-x)^{b-1}dx\right]^{-1} \text{です}[21].$$

ベータ分布を使うことには様々なメリットがあります．

(1) 確率変数の範囲が $0 \leq X \leq 1$ ですから，確率自体の確率分布として使うのにぴったりです．

(2) 図 1.10 にパラメータ a, b を変化させていくつかのベータ分布のグラフを描きました．パラメータを調整するだけで多様な分布が表現できる

---

19) $\pi = 3.14159\cdots$ という円周率です．
20) しかし R の場合は $N(\mu, \sigma^2)$ ではなく N(mean, sd)で表現します．mean は μ と同じく平均，sd は標準偏差の意味です．このようにプログラムによってローカルなルールがあるのは迷惑な話です．
21) この積分は次のベータ関数で求まります．$B(a,b) = \dfrac{(a-1)!(b-1)!}{(a+b-1)!}$

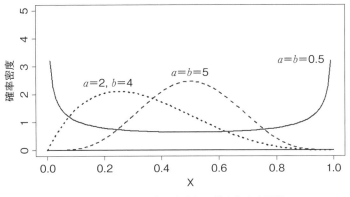

図1.10 ベータ分布で表される様々な密度関数

ことが分かります．ベータ分布はパラメータ a, b によって確率密度関数が確定するので $Beta(a, b)$ というように省略して書きます．ベータ分布の平均は $a/(a+b)$ です．

■ 一様分布（連続型）

実数の区間 (a, b) で一定の値をとる確率分布を連続型の一様分布といって，これもベイズ統計によく出てきます．

$$f(x) = \frac{1}{b-a}, \qquad a \leq x \leq b \tag{1.13}$$

区間を $(0, 1)$ とした一様分布は，unif$(0, 1)$ やベータ分布 $Beta(1, 1)$ などと表記されます．図1.11がそれです．積分とは $f(x)$ と横座標で囲まれた長方形の面積なので，幅が1で高さが1だから面積は1になるのです．

一様分布には連続型のほかに離散型の一様分布というものもあります．0から1, 2, 3, と連番でふられた各整数が等確率で起きる確率分布です．

■ ガンマ分布

正規分布が正の無限大から負の無限大まで確率変数が変動するのに対して，ガンマ分布はマイナスの値をとらない連続型の確率変数です．

$$f(x) = kx^{a-1}e^{-bx}, \qquad 0 \leq x < \infty \tag{1.14}$$

パラメータは $a>0$，$b>0$ の2つで，k は比例定数です．ガンマ分布は略して

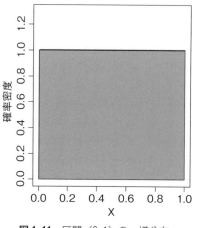

図 1.11 区間 (0,1) の一様分布

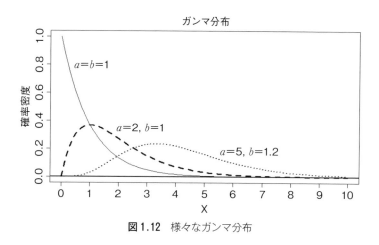

図 1.12 様々なガンマ分布

$GAM(a, b)$ と書くことがあります．そのパラメータ次第でガンマ分布は図 1.12 のようないろいろ違った形状の確率分布を表すことができます．社会にはマイナスの値はとらない現象はたくさんありますので，そういう現象の統計モデルとしては正規分布よりも適切な場合があるでしょう．4 章にガンマ分布の応用例が出てきます．

1.3 いくつかの連続型の確率分布

■ **逆ガンマ分布**

逆ガンマ分布は 6 章以降の正規分布のベイズ推定のために出てきます．確率変数 X が $GAM(a,b)$ に従うときに X の逆数である $Y=1/X$ が従う確率密度関数を逆ガンマ分布 $IG(a,b)$ と呼びます．パラメータによって形状は違いますが，おおむね Y の値が小さいゾーンでは確率密度が大きく，右に長く裾を引く分布になります．

Excel には逆ガンマ分布の関数が入ってないので読者は不安になるかもしれません．どんな形の分布なのか概形を知りたければ，Excel のガンマ関数を使って乱数 X を発生させ，それを $Y=1/X$ と変換して度数分布を作ればグラフを描くことができます．

本書ではまず Excel でシミュレーションを実感してもらいたいので，小さいデモをやってみましょう．

図 1.12 の $GAM(2,1)$ から始めて $IG(2,1)$ のグラフを描いてみます．まず図 1.13 の Excel シートの 2 行 A 列にガンマ分布に従う乱数を 1 個発生させます．グレーのセルに

=GAMMA.INV(RAND(),2,1)

と入力して，その関数を下に 999 行コピーします[22]．この関数のパラメータは $a=2, b=1$ の 2 つです．すると同じ値の乱数がすべてのセルに出てきます．そこで F9 キーを押すと各セル個々に乱数が出力されます．シミュレーションですから実行ごとに違った数値が出てきます．ですから最初の乱数も 1.5636 になるかどうかは分かりません．

次の B の列は =1/A2 というように A 列の数の逆数をとって 999 行コピーするだけなので簡単です．B 列の 1000 個の乱数を適当な階級に分けて度数分布を作って 1000 で割ったのが図 1.13 右の逆ガンマ分布です．

図 1.13 のシミュレーションでは乱数が 1000 個と少ないのでジグザグしたグラフになっていますが，乱数を増やすほど滑らかなグラフになります．もっと多くの乱数を発生させた数値例が 2 章に出てきます．

逆ガンマ分布の最頻値（モード）は $1/(a+1)b$ であることが知られていま

---

[22] GAMMA.INV はガンマ分布に従う乱数を発生させるための関数です．この関数は逆ガンマ分布を意味しているわけではありません．

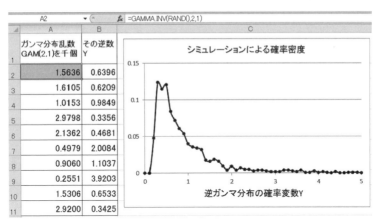

図 1.13　逆ガンマ分布の形状

す．この例の場合は 1/3 になります．確かに図 1.13 の分布は 1/3 あたりでピークになっています．

以上に紹介した確率分布について整理したのが表 1.5 です．確率分布には他にもたくさんの種類があり確率分布だけで 1 冊の本が必要になるくらいです[23]．

1.4　行列とベクトル

6 章以降で必要になりますので，行列とベクトルの記法についても説明しておきましょう．まず基本になるのが行列です．行列であることを示すのにボールド体の英大文字イタリックを使います．

$$X = (x_{ij}) = \begin{bmatrix} x_{11} & x_{12} & \cdots & x_{1m} \\ x_{21} & x_{22} & \cdots & x_{2m} \\ \vdots & \vdots & & \vdots \\ x_{n1} & x_{n2} & \cdots & x_{nm} \end{bmatrix}$$

行列の要素には変数かパラメータかデータのいずれかを配置することができます．この行列 X で行番号を表す i という添字は一般には $i=1, 2, \cdots, n$

---

[23]　蓑谷千凰彦『統計分布ハンドブック（増補版）』（朝倉書店，2010）が頼りになります．

表1.5　確率分布のまとめ

確率関数・確率密度関数	確率変数の範囲	パラメータの解釈	平均	分散	略称
2項分布 $\binom{n}{x}p^x(1-p)^{n-x}$	$x=0,1,2,\cdots,n$	n は試行回数（正整数） $0\leq p\leq 1$ は購入確率，視聴率，成功確率など	np	$np(1-p)$	$Bin(n,p)$
ポアソン分布 $\dfrac{\lambda^x e^{-\lambda}}{x!}$	$x=0,1,2,\cdots$	$\lambda>0$	λ	λ	$Poi(\lambda)$
離散型一様分布 $\dfrac{1}{n+1}$	$x=0,1,2,\cdots,n$	下限は0，上限は n（正整数）	$\dfrac{n}{2}$	$\dfrac{n(n+2)}{12}$	unif(min, max)
連続型一様分布 $\dfrac{1}{b-a}$	$a\leq x\leq b$	a は下限，b は上限	$\dfrac{a+b}{2}$	$\dfrac{(b-a)^2}{12}$	$U(a,b)$
正規分布 $\dfrac{1}{\sqrt{2\pi}\sigma}\exp\left\{-\dfrac{1}{2}\left(\dfrac{x-\mu}{\sigma}\right)^2\right\}$	$-\infty<x<\infty$	μ は平均 σ は標準偏差	μ	σ^2	$N(\mu,\sigma^2)$ R では $norm(\mu,\sigma)$
ベータ分布 $kx^{a-1}(1-x)^{b-1}$ （k は確率変数 x を含まない係数，以下同じ）	$0\leq x\leq 1$	$a>0, b>0$ a を Yes の数 $+1$，b を No の数 $+1$ と解釈すると簡単	$\dfrac{a}{a+b}$	$\dfrac{ab}{(a+b)^2(a+b+1)}$	$Beta(a,b)$
ガンマ分布 $kx^{a-1}\exp(-bx)$ （Excel でのガンマ分布）	$0\leq x<\infty$	$a>0, b>0$ a は発生のしやすさ，b は発生の機会 （$\alpha>0, \beta>0$）	$\dfrac{a}{b}$ ($\alpha\beta$)	$\dfrac{a}{b^2}$ ($\alpha\beta^2$)	$GAM(a,b)$ (GAMMA)
逆ガンマ分布 $kx^{-a-1}\exp\left(-\dfrac{1}{bx}\right)$	$0<x$	$a>0, b>0$	$a>1$ のとき $\dfrac{1}{(a-1)b}$	$a>2$ のとき $\dfrac{1}{(a-1)^2(a-2)b^2}$	$IG(a,b)$

と変化します．一方列番号を表す添字の j は $j=1,2,\cdots,m$ と変化します．行列 $\boldsymbol{X}$ のサイズを強調したいときは $n\times m$ の行列と明記します[24]．

---

[24] 本書の中では記法を統一しますが，統計学の本によって添字の使い方はまちまちです．

行数と列数がどちらも n で同じ場合の行列を正方行列といい，n 次の正方行列と呼びます．また主対角要素だけが存在してそれ以外の要素がすべて 0 の n 次の正方行列を対角行列と呼びます．その特殊な場合が主対角要素がすべて 1 の場合で，これを単位行列と呼びます．

$$I = \begin{bmatrix} 1 & 0 & \cdots & 0 \\ 0 & 1 & \cdots & 0 \\ \vdots & \vdots & \ddots & \vdots \\ 0 & 0 & \cdots & 1 \end{bmatrix}$$

n 次の正方行列 A, B について $AB = BA = I$ が成り立つとき，B を A の逆行列といって $B = A^{-1}$ と書きます．右肩の -1 はインバースと呼びます．逆行列は実数の逆数を行列に一般化した概念です．ふつうは Excel の行列関数などのプログラムに頼って計算しなければならないのですが，6 章には対角行列の分散行列という特殊な例がでてきます．数値例をあげますと

$$V = \begin{bmatrix} 10 & 0 \\ 0 & 1000 \end{bmatrix}$$

であるときその逆行列は

$$V^{-1} = \begin{bmatrix} 1/10 & 0 \\ 0 & 1/1000 \end{bmatrix}$$

と簡単に求まります．多変量解析を理解するにも使いこなすにも行列の記法は避けられません．

次にベクトルですが，これは一般的にはボールド体の英小文字イタリックを使いますが，要素が 1 だけと要素が 0 だけという，やや特殊なベクトル $\boldsymbol{1}, \boldsymbol{0}$ も活躍します．

$$\boldsymbol{a} = (a_i) = \begin{bmatrix} a_1 \\ a_2 \\ \vdots \\ a_n \end{bmatrix}, \quad \boldsymbol{b} = (b_j) = \begin{bmatrix} b_1 \\ b_2 \\ \vdots \\ b_m \end{bmatrix}, \quad \boldsymbol{1} = \begin{bmatrix} 1 \\ 1 \\ \vdots \\ 1 \end{bmatrix}, \quad \boldsymbol{0} = \begin{bmatrix} 0 \\ 0 \\ \vdots \\ 0 \end{bmatrix}$$

上記の $\boldsymbol{a}$ は n 次，$\boldsymbol{b}$ は m 次のベクトルと呼びます．断らない限りベクトルは上記のような列ベクトルを指します．それを行ベクトルにしたければベクトルにプライムをつけて $\boldsymbol{a}' = [a_1 \ a_2 \ \cdots \ a_n]$ と転置します．

行列とベクトルを掛けるには，行列のサイズ $n \times m$ とベクトルの次数が整合

していなければなりません．一般には Xb のように行列の右から列ベクトルを掛けます．その例外が6章のマルコフチェーンで，行列の左から行ベクトルを掛ける $a'X$ の記述が慣例になっています．具体的にはどのように掛け算を進めるのか，データを要素とした数値例で示してみましょう．

$$a'X = (1\ 2\ 3) \begin{bmatrix} 0.9 & 0.1 \\ 0.3 & 0.7 \\ 0 & -1 \end{bmatrix}$$
$$= (1\times 0.9 + 2\times 0.3 + 3\times 0 \quad 1\times 0.1 + 2\times 0.7 + 3\times(-1)) \quad (1.15)$$
$$= (1.5\ \ -1.5)$$

(1.15) 式の行ベクトル a' はサイズでいえば $1\times n$，そして行列 X が $n\times m$ なので n 個のペアで順次「積和」を求めるのが演算の中身です．そして掛け算した結果 $1\times m$ の行ベクトルが導かれます．

このように積とは何かが理解できると，$n\times m$ の行列 X に $m\times r$ の行列 Y を掛ければ $n\times r$ の行列になるのではないかと予想がつくでしょう．その予想は正しくて，掛け算が成り立つ限り行列の掛け算は何回でも連続させることができます．そしてベクトルも行列の一種であるという解釈が可能です．行数または列数の一方を1に限定した行列をベクトルというのだ，と理解すればよいのです．では (1.15) 式の行列 X の「2行1列目の要素 0.3」はどう呼ぶのかといいますと，このような単一の数値を**スカラー**と呼びます．スカラーもまた1行1列の行列である，とみなすことができます．

したがって行列，ベクトル，スカラーのなかで最も上位の概念が行列だということが分かるでしょう．統計解析の対象も，そしてまた統計解析のモデル自体も行列を使って表すことがしばしばあります．たとえば Excel のシートでデータを表形式に並べたものは，まさに行列に他なりません．また多変量正規分布を表現する際にも行列とベクトルが必要になります．

変数が p 個あったとして p 次の平均ベクトルを μ，$p\times p$ の**分散共分散行列**を Σ とすれば[25]，多変量正規分布は一般的に $N(\mu, \Sigma)$ で表されます．変数の数が2つの場合の正規分布の同時分布を図 1.14 に示します．6章にその応用

---

25) 分散共分散行列（ここでは Σ）とは，主対角要素に p 個の変数の分散がそれぞれ入り，その他の要素には各変数を組み合わせた共分散と呼ばれる指標が入った行列です．変数が無相関の場合に Σ は対角行列になります．

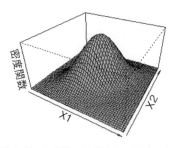

図1.14 2変量の正規分布の同時分布

例が出てきます．

その他の統計学の基礎知識としては尤度関数が必要なのですが，2章以降で具体的にその必要性が出てきたときに解説することにします．とても駆け足でしたがこれで確率と統計の基礎知識を終えたいと思います．

◆ポアソン分布◆

2項分布で $np=\lambda$，つまり $p=\lambda/n$ において，n を無限大に近づけたとき p は0に近づき λ は一定値に収束すると仮定しましょう．すると簡単な数式展開で次のようにポアソン分布が導かれます．

$$P(x) = \binom{n}{x} p^x (1-p)^{n-x} = \frac{n(n-1)\cdots(n-x+1)}{x!} \left(\frac{\lambda}{n}\right)^x \left(1-\frac{\lambda}{n}\right)^{n-x}$$

$$= \frac{1\cdot\left(1-\frac{1}{n}\right)\cdots\left(1-\frac{x-1}{n}\right)}{x!} \lambda^x \left(1-\frac{\lambda}{n}\right)^n \left(1-\frac{\lambda}{n}\right)^{-x}$$

$$= \frac{\lambda^x}{x!} \left(1-\frac{\lambda}{n}\right)^n \left(1-\frac{\lambda}{n}\right)^{-x} 1\cdot\left(1-\frac{1}{n}\right)\cdots\left(1-\frac{x-1}{n}\right)$$

ここで指数関数の公式 $\lim_{n\to\infty}\left(1+\frac{z}{n}\right)^n = e^z$ を利用して $z=-\lambda$ と書き換えれば，$\lim_{n\to\infty}\left(1-\frac{\lambda}{n}\right)^n = e^{-\lambda}$．また n を無限大にすれば上式の $\left(1-\frac{\lambda}{n}\right)^{-x}$ から右の部分は1のべき乗になるので1．したがって $n\to\infty$ のとき

$$P(x) = \frac{1}{x!}\lambda^x e^{-\lambda} = \frac{\lambda^x e^{-\lambda}}{x!}$$

第2章

ベイズの定理の再解釈

　本書はベイズの定理など初耳だという読者を対象に書いていますので，まずはベイズの定理の説明から始めましょう．ベイズの定理自体は簡単に理解できると思いますが，それを今日でいうベイズ統計に応用するには，発想のジャンプが何段階も必要になります．いきなり結論を押し付けることがないように，順をおって説明していきます．

2.1　ベイズの定理とは

　ベイズの定理[1]にはいろいろな説明の仕方がありますが，ここでは条件付き確率の変形として説明しましょう．事象 B が起きた時に事象 A が起きる条件付き確率を $P(A|B)$ と書きます．そもそも事象 B が起こらなければ空しい話になるので $P(B)>0$ だと仮定しましょう．するとこの条件付き確率は次のように定義されます[2]．

$$P(A|B) = \frac{P(AB)}{P(B)} \tag{2.1}$$

　(2.1) 式右辺分子の $P(AB)$ は A と B が同時に起きる同時確率を意味します．同時確率の定義からして $P(AB)=P(BA)$ です．図2.1を見れば条件付き確率とは，事象を B に限定した範囲で A が起きる確率だということが理解できるでしょう[3]．

---

[1]　ベイズがどんな人かは章末のコラムをご覧ください．
[2]　1章7ページの (1.4) 式とは A, B が入れ替わっていますが，どちらを A と呼ぼうが本質は変わりません．
[3]　図2.1の A, B の頭についている $\overline{A}, \overline{B}$ はその結果が起きないという「否定」を表します．

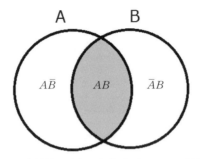

図 2.1 条件付き確率の意味（1 章の図 1.1 再掲）

ところで事象 A と B が同時に起きる確率は $P(AB)=P(B|A)P(A)$ ですから[4]，(2.1) 式右辺の分子を書き換えると

$$P(A|B)=\frac{P(B|A)P(A)}{P(B)} \tag{2.2}$$

次に (2.2) 式の右辺分母ですが，ここでは全確率の公式というものを使います．事象 $A_1, A_2, \cdots, A_n$ が排反でそのどれかが必ず起きるものとしましょう．排反というのは同時には成り立たないという意味です．すると $P(B)$ は (2.3) 式で表せます．

$$P(B)=\sum_{i=1}^{n}P(A_iB)=\sum_{i=1}^{n}P(B|A_i)P(A_i) \tag{2.3}$$

(2.3) 式の意味なのですが，たとえば事象 B を「USJ（ユニバーサルスタジオ・ジャパン）に今年行った」とすれば，年齢 A_i と USJ 来場の同時確率を全年齢層で積み上げれば全体の $P(B)$ が導かれるはずだ，と考えてください．

さて (2.3) 式を (2.2) 式の分母に代入すると

$$P(A_i|B)=\frac{P(B|A_i)P(A_i)}{\sum_{i=1}^{n}P(B|A_i)P(A_i)} \tag{2.4}$$

事象 B が成り立つ確率を図 2.2 の円が表していて，その円の範囲で事象 A_i が成り立つ「濃いスライス部分」の確率を (2.4) 式が表しているのです．これがベイズの定理です．ここまではあたりまえだと思いませんか？

---

[4]　(2.1) 式で A と B の記号を入れ替えれば $P(B|A)=\frac{P(BA)}{P(A)}$ なので，この両辺に $P(A)$ を掛けることで $P(B|A)P(A)=P(BA)=P(AB)$ が導かれます．

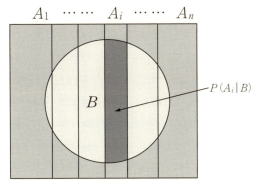

図2.2 全確率の公式とベイズの定理

　高校では確率の一定理として (2.2) 式または (2.4) 式の形でベイズの定理を教えています．そしてベイズの定理を使えば，B という結果が分かった時にその原因が A_i だった確率が分かるのだという説明がなされてきました．

　ベイズの定理の具体的な適用例をあげましょう．1章では女性の年代別新聞閲読の条件付き確率の例を紹介しました．ここで原因が年代で結果が新聞閲読だとしますと[5]，

【原因⇒結果】20代の女性は ⇒ 新聞を読まない人が多い

【結果⇒原因】新聞を読んでないことを知ると ⇒ 20代である確率が高まる

　この原因⇒結果の推論を逆転するという意味からベイズの定理は**逆確率の定理**とも呼ばれているのです．

　表2.1は1章の表1.2と同じものです．この例に沿って，ベイズの定理を20代女性にあてはめてみましょう．ここでは「非閲読」を事象 B に設定します．

　まず $P(B|A_1)P(A_1) = (0.034/0.052) \times 0.052 = 0.034$ ですから，これは A_1 と B が同時に起きる同時確率 $P(BA_1)$ と同じです．同様に $P(B|A_2)P(A_2) = 0.084$，… というように表2.1の「非閲読」B の欄にすでに計算結果が出ていますので，最後に (2.4) 式を当てはめますと

---

[5] 年齢が新聞閲読の直接的な原因だというのは短絡的です．生まれ育った社会的背景や情報環境など複雑な原因があるのでしょうが，ここでは話を単純化しています．逆に新聞閲読が原因になって年齢が決まるということは考えづらいです．

表2.1 同時確率と周辺確率（非閲読をBとする）

	閲読	非閲読 B	周辺確率
20代 A1	0.018	0.034	0.052
30代 A2	0.106	0.084	0.190
40代 A3	0.158	0.039	0.197
50代 A4	0.195	0.011	0.206
60代 A5	0.219	0.007	0.227
70代 A6	0.123	0.004	0.128
周辺確率	0.821	0.179	1.000

$$P(A_1|B) = \frac{P(B|A_1)P(A_1)}{\sum_{i=1}^{n} P(B|A_i)P(A_i)}$$
$$= \frac{0.034}{0.034+0.084+\cdots+0.004} = \frac{0.034}{0.179} = 0.190 \tag{2.5}$$

(2.5) 式右辺の分母は新聞非閲読の確率 $P(B)=0.179$ そのものです．これで (2.2) 式から (2.4) 式までの数値例を示すことができました．

ベイズの定理による推論を年齢当てのゲームで言いますと次の通りです．『誰だか分からない20〜79歳の女性が衝立の向こうにいたとしましょう．その人が20代である確率は5.2%です．そこに新聞を閲読していないという新しい情報が加わると，その人が20代である確率は19%に上がります』[6]

2.2 ベイズ統計のロジック

さて近年のベイズ統計を理解するには，結果を知って原因を逆推論するという従来的な解釈から，5つほどハードルを越える必要があります．

〔ジャンプ1〕パラメータの推定に関心を持つ

データが得られたとして，それから何の情報を得たいのかという基本を考えてみましょう．現象を記述するためにデータを集計することと，統計モデルに従って母集団を推論することの違いを理解してもらいたいと思います．

図2.3はある製造機械からお菓子が作り出されている図です．お菓子の重量

---

[6] この結論は若い女性は新聞に関心がないと主張しているわけではありません．スマホやタブレットなどのモバイルによって新聞情報に接触しているかもしれないからです．

2.2 ベイズ統計のロジック

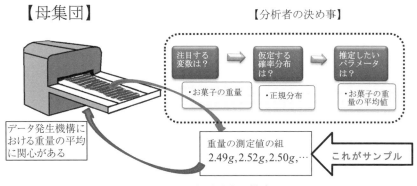

図2.3 データからの推論

が仕様通りになっているかに関心があるとしましょう．製品検査をして測定値のセット $\{2.49g, 2.52g, 2.50g, \cdots\cdots\}$ が得られたとします．ベイズ統計ではデータは何らかの統計モデルに沿って発生すると仮定します．その統計モデルの具体的な中身が確率分布です．

ですから「分析者が決めるべき事」は，重量が従う確率分布は何か，そして仕様通りか否かを判定する基準をどう決めるかが主な内容です．

さて図2.3では，確率変数がたとえば正規分布に従うと仮定して，重量の平均値に関心を持ったとしましょう．分析者が関心を持つ平均は，サンプルデータの平均ではなく「データ発生機構」である製造機械が生産し続けるであろうお菓子の重量の平均にあるのです．

つまりお菓子の問題を標本調査との対応でいえば次の通りです．

- 母集団（population）　　：データ発生機構
- 標本（sample）　　　　　：測定値のセット

菓子といっても製品検査を済ませた菓子に関心があるのではなく，今日まで作った菓子，そして製造システムを変更しなければ明日も作り続けるであろう菓子，という多分に仮想的な母集団の方に関心を持つのです．

ベイズ統計ではデータの背後には確率分布が働いているものと仮定します．けれども確率分布の形状を決定するパラメータの値は分かりません．ですからデータにもとづいてパラメータを推定しなければならない，と問題を設定する

のです[7].

〔ジャンプ2〕連続変数も離散的に扱う

図 2.2 と (2.4) 式では事象 A を離散的に分割していました.したがって $P(A_i)$ とは個々の事象 $A_i (i=1, 2, \ldots, n)$ に対してそれぞれ確率を対応づけた確率関数でした.$P(A_i)$ が確率の場合は,確率の性質からして $P(A_i) \geq 0$,$\sum P(A_i)=1$ なのでベイズの定理がそのまま使えます.

では確率変数が連続変数の場合はベイズの定理がどうなるのかといいますと,確率関数を確率密度関数に取り換え,総和記号の Σ を積分記号 $\int$ に取り換えればよいのです.積分とは,確率変数 X をとても微小の dx ずつ変化させながら dx と確率密度関数の値を掛けてそれらを加える操作を意味します[8].ですから (2.4) 式を連続的な確率変数 X に置き換えた場合のベイズの定理は

$$f(x|B) = \frac{f(B|x)f(x)}{\int f(B|x)f(x)dx} \tag{2.6}$$

ベイズ統計では (2.6) 式左辺の $f(x|B)$ を事後分布,右辺の $f(x)$ を事前分布といいます[9].いずれも具体的な分布が何であるかは別として確率密度関数です.2.1 節で紹介したベイズの定理が「確率」と「確率」の関係式だったのに対して,(2.6) 式では「関数」と「関数」の関係式に変わったという,とても大きなジャンプがあるのです.

ではベイズ統計の実務では (2.6) 式の計算を実行しているのかというと,たいていは右辺分母の積分ができないというのが正直なところです.積分が簡単に求まる場合を5章で紹介します.そうでない場合を6章で紹介します.

6章では確率変数 X の乱数を大量に発生させれば,その度数分布の形状が確率密度関数に近似してくるという性質を使います.たくさん出力された値の平均を計算すれば確率分布の平均値が推定できますし,値の大きい順に乱数を並べれば上位○○%に対応するパーセンタイル値も分かってしまいます.

関数のグラフの形状を見たければ,乱数を区間に分割してヒストグラムを作

---

7) 実はこの問題設定自体はベイズ統計学特有のものではなく,推測統計学といわれている伝統的な統計学に共通するものです.
8) 本書では実際に積分することはありません.積分とは細かく分けて合計をとる操作だと理解すれば結構です.
9) 事前分布を prior,事後分布を posterior というように略称することもあります.

2.2 ベイズ統計のロジック　31

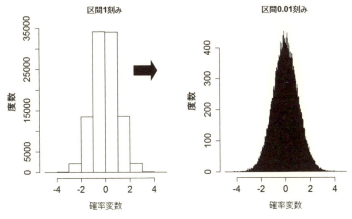

図 2.4　度数分布の区間を縮小していくと…

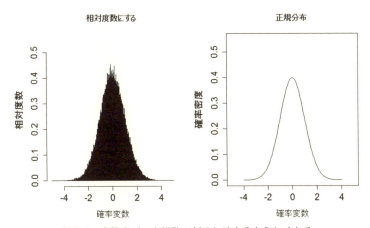

図 2.5　度数をデータ総数で割ると確率分布らしくなる

るという計算機まかせの方法で処理できます．

図 2.4 にその例を示しましょう．これは平均 0 で分散 1 の正規乱数[10]を 10 万個発生させてその度数分布を描いたものです．

図 2.4 右のヒストグラムの各度数をデータ総数の 10 万で割って，相対度数に直したのが図 2.5 の左です．ヒストグラムの面積の合計は 1.0 になります．

---

10)　正規乱数というのは正規分布に従ってランダムに出てくる数のことをいいます．図 2.4 でいえば，0 付近の乱数はたくさん出てきますが −4 とか 4 付近ではわずかしか出力されません．

32   第2章 ベイズの定理の再解釈

理論的には図2.5右の正規分布のグラフが正しいわけですが，図2.5左右のグラフの形状は結構似ているのではないでしょうか．

〔ジャンプ3〕パラメータを確率変数として扱う

(2.6) 式に書かれた確率変数 x をパラメータ θ に，B と書かれていた事象をデータ D にそれぞれ置き換えますと (2.7) 式が導かれます．ようやくベイズ統計で使うベイズの定理が出てきました．

$$f(\theta|D) = \frac{f(D|\theta)f(\theta)}{\int f(D|\theta)f(\theta)d\theta} \qquad (2.7)$$

確率変数は本当はいろいろな値をとり得るのですが，いったん観測や調査が終わってしまえば，固定したデータに過ぎませんから，それは定数 D と書くことができます．すると (2.7) 式は測定結果 D を前にして，それを発生させることになった確率分布のパラメータ θ がどうであるかを導く式だと解釈できるのです[11]．つまり，D の発生源として確率分布があり，その具体的な形状を定めたのがパラメータ θ だという意味です．ですからパラメータ（原因）とデータ（結果）の順序を取り換えて，データ（結果）が与えられたもとでのパラメータ（原因）の確率分布を求めるのがベイズ統計なのです．

(2.7) 式での重要なジャンプはパラメータ θ を確率変数とみなすところにあります．伝統的な統計学ではパラメータを定数としていました．しかし定数は真の値を持つなどと観念論をいったところで，しょせん人間には真の値など知りようがありません．どうせ未知数なら，いっそ θ を何らかの定義域の中で変動する確率変数とみなせばいいじゃないかと方針転換をするのです．パラメータを確率変数だとみなせば観測変数 X とパラメータの同時分布を考えることもできます．

〔ジャンプ4〕正規化定数というアイデア

(2.7) 式の右辺分母はとても複雑そうなので，現実の問題ではどんなに大変な関数になるのか心配になるかもしれません．複雑は複雑なのですが，それでも分母は1つの数値（スカラーという）になるのです．その理由ですが，(2.2) 式と見比べることで，この分母は $f(D)$ そのものであり定数 D の関数な

---

[11] 伝統的な統計学では無制限に反復してデータを取り直せることを前提にしています．一方ベイズ統計学ではデータは一回限りの現実だとみますから D を定数扱いにするのです．

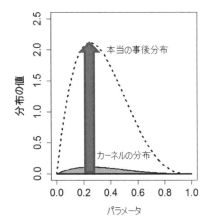

図2.6 カーネルを縦方向に k 倍すると事後分布になる

のだから1つの数値になるはずだと納得してください.

右辺分母の $f(D|\theta)f(\theta) = f(D\theta)$ は D と確率変数 θ の同時分布を意味しますが，それを θ について積分すれば θ は消去されて無くなります[12].

(2.7) 式右辺分母は事後分布を θ に関して積分すると1になるように調整する定数ですから，「正規化定数」と呼ばれます．一方分子の中で θ を含んだ関数をカーネル（kernel）と呼びます．核という意味ですね．するとカーネルを除く残りすべては θ を含みません．結局 (2.7) 式の左辺と右辺のカーネルの間には k 倍の関係があると要約することができます[13]．さらに比例関係であることを∝という記号で表しますと，ベイズの定理は次のように表せます．この (2.8) 式が実用上最もよく用いられる式です．

$$f(\theta|D) = kf(D|\theta)f(\theta) \propto f(D|\theta)f(\theta) \tag{2.8}$$

図2.6ではあるカーネルの分布をグレーで示しました．このグレー部分の面積は1/20なので k は20になります．ですから，カーネルの関数のグラフを縦方向に20倍に伸ばせば本当の事後分布が得られます[14]．すると点線の下の

---

12) 同時分布をその一方の変数の全域について積分することを周辺化と呼びます．離散的な場合の数値例を1章の7ページ（表1.2）に示しました．

13) (2.8) 式においては $k = \dfrac{1}{正規化定数}$ です．正規化定数と同じ意味で規格化定数（normalizing constant）という呼び方もあります．

14) この点線の確率分布は1章の図1.10に出てきた $a=2, b=4$ のベータ分布でした．正規化定数は1章脚注21のベータ関数 $B(2,4)$ から1/20と求められます．だから $k=20$ になるのです．

面積は 1 になります．図 2.6 から事後分布はカーネル分布を縦方向に k 倍した関係にあるとが納得できるでしょう．

両者の形状は基本的に同じですから，山頂の位置を示す横座標の位置——これは最頻値（モード）です——は，2 つのグラフで一致します．実は事後分布について知りたい情報は，カーネルの分布さえ分かれば分かってしまうのです．6 章以降のベイズ推定ではカーネルだけを使ってパラメータの推測を行います．

〔ジャンプ5〕尤度関数によってパラメータを更新する

ベイズ統計への最後のジャンプを (2.9) 式をもとに考えてみましょう．

【ベイズの定理】

パラメータの事後分布 ∝ 尤度関数 × パラメータの事前分布
$$f(\theta|D) \propto f(D|\theta)f(\theta) \tag{2.9}$$

(2.9) 式はデータ D を収集する前に持っていたパラメータに関する情報を事前分布 $f(\theta)$ で表すこと，そしてデータ D を集めることによってパラメータについての知識がより明確になり事後分布 $f(\theta|D)$ に更新される，というストーリーを表しています．このことを**ベイズ更新**（Bayesian updating）といいます．

(2.9) 式右辺の $f(D|\theta)$ の値は，もともとはパラメータ θ のもとで確率変数 X が D の値をとる確率密度関数（または確率関数）の値でした．

ところがベイズ統計ではパラメータ θ が変動すると考えます．もし θ が別な値 θ^* に変われば $f(D|\theta^*)$ の値も変わるはずです．このことは θ を変化させると D というデータが得られた時の θ のもっともらしさが変動することを意味します．それで $f(D|\theta)$ の値を θ の尤度(ゆうど)（likelihood）と呼ぶのです．今度は θ が変数になりますので，$f(D|\theta)$ を尤度関数と呼びます．尤度関数は D を固定した条件下での θ の関数ですから $L(\theta|D)$ と書くのが明確な表現です．それはその通りなのですが $f(D|\theta)f(\theta)$ という書き方をすると，右の θ が決まってその θ のもとでの左の D の関数へと情報がリレーしていく関係が分かりやすいので本書では (2.9) 式のように $f(D|\theta)f(\theta)$ と書くことにしました．まだ尤度関数とは何なのかがピンとこないと思いますので，4 章で具体例をあげて説明しましょう．

さて，読者はベイズの定理のような確率の公式がなぜ統計学で活躍できるの

かが不思議だったのではないでしょうか．本章の説明によって，発想を切り替えベイズの定理を読み替えることで，ようやく統計学で使える道具になるという筋道が分かってもらえたと思います．もちろん本章のような一般論だけではベイズ統計とは何なのかがまだピンとこないと思います．3 章以降の具体的な応用を通じてベイズ統計への理解をさらに深めていきましょう．

◆ **トーマス・ベイズ** ◆

トーマス・ベイズは 18 世紀のイギリスの長老派教会の牧師です．その生涯は 1702 年～1761 年で，職業はケント州のタンブリッジ・ウェルズの公民館の牧師でした．公民館というのは地域の住民の集会場でホールと呼ばれている施設です．

ベイズはエディンバラ大学で論理学と神学を学び，後に王立協会（Royal Society）のフェローにもなっている人ですので学識ある教養人であったことは間違いありません．しかし数学関係の師弟関係はよく分かっていません．

ベイズは自分の名前を冠した定理で有名なのですが，ベイズ自身は生前にベイズの定理を発表しませんでした．彼の親族であるリチャード・プライスがベイズの死後に遺品を整理していて未発表の論文を発見して雑誌に投稿したのです．論文のタイトルおよび掲載誌は次の通りで，ベイズとプライスの共著になっています．

Bayes and Price (1763) An Essay towards solving a problem in the doctrine of chances. *Philosophical Transactions*, 53, 370-418.

50 頁近い論文のうち冒頭の 6 頁が編集者に宛てたプライスの掲載依頼の手紙からなるという珍しい論文です．

今日の高校数学 A 新課程に出てくるベイズの定理は，フランスのラプラスが「確率の解析的理論」（1812 年）の関連刊行物として 1814 年に出版した，いわゆる "Essai" の中で示されたものです．この啓蒙的なエッセーによって初めて逆確率の定理の意味が広く知られるようになりました[15]．

一般にベイズの定理は生誕 250 年といわれますが，ラプラスの本を起点にすれば 200 年少々，ということになります．

---

15) このエッセーの和訳であるラプラス『確率の哲学的試論』（岩波文庫，1997）の 23 ページの確率計算の第六原理が，ベイズの定理を表しています．

第3章

ナイーブベイズで即断即決

ベイズ・アプローチはスパムメールを排除するフィルタリングで活躍しています．そこではナイーブベイズというモデルが使われています．これはベイズ統計の中では特殊なモデルなのですが，ベイズ的な学習機能が理解しやすいモデルです．実社会でベイズの定理が活用されているという事実を知ることは，ベイズ統計を学ぶモチベーションを高めるのに役立つかもしれません．というわけでベイズ統計を学ぶ本流から少し脇道にそれますが，この章ではナイーブベイズを紹介しようと思います．

3.1 スパムメールをフィルタリング

ナイーブベイズを使うと，スパムメールのような迷惑メールと，通常のメールを確率的な意味で仕分けることができます．多変量解析の分野では，2群に分類するという目的では古くから線形判別関数という分析法がありました．また確率的な予測についてはロジスティック回帰分析という分析法がありました[1]．

それらに対してナイーブベイズには，データを処理しつつ判定が逐次的に行われること，そしてシステムの運用を通じて予測精度が向上する，というダイナミズムに特徴があります．

スパムメールのフィルタリングの仕事をざっくりいいますと，事前に与えられた正しい情報を利用して未知のメールを分類するものです（図3.1）．では

---

1) ロジスティック回帰分析については6章に事例が出てきます．

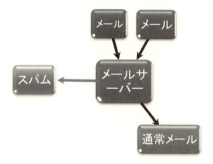

図 3.1 スパムメールのフィルタリング

正しいデータはどこにあるのか，という疑問には 3.3 節でお答えします．このように正しいデータにもとづく学習は「教師あり学習」と呼ばれ，近年注目されている機械学習の一種です．

3.2 スパムメールを判定するロジック

ネット上でメールを配信しているのが MTA（message transfer agent）というサーバー・サイトのプログラムです．その役割は，メールの宛先を解読して送信すること，そして受信側であればメールを蓄積することです．それと併せて，ユーザーを守るためにスパムメールのフィルタリングも行っています[2]．その手順は次の通りです．

■ ステップ1：事前確率を与える

メール（M）はスパムか通常かのどちらかしかないことにします．区別のために S（スパム）と N（ノーマル）という略号を使いましょう．ですからメールサーバーに到着したメールは $M=S$ か $M=N$ のどちらかしかありません．過去の膨大なメールの分類から両者の確率が図 3.2 のようであったとしましょう．これが事前確率になります．確率変数 M が離散型なので $P(M)$ は確率関数です．

---

2) フリーソフトの DSPAM などいろいろなフィルターがあります．

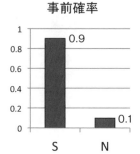

図 3.2 事前確率 $P(M)$

■ ステップ 2：条件付き確率

スパムメールとノーマルメールでは，文中に含まれるワード（W）の出現率が違ってくるでしょう．メールが S か N かで条件を付けた出現確率[3]が，過去のメールの集計から表 3.1 のように推定できたとしましょう．表 3.1 は説明のための架空の例にすぎません．現実のメールにはとてもたくさんのワードが含まれています．

表 3.1 条件付き確率 $P(W|M)$

		出会い	無料	お知らせ	ベイズ
スパム	S	0.8	0.7	0.4	0.001
通常	N	0.3	0.3	0.6	0.1

【ベイズの定理の確認】

2 章 (2.4) 式のベイズの定理を再掲しましょう．

$$P(A_i|B) = \frac{P(B|A_i)P(A_i)}{\sum_{i=1}^{n} P(B|A_i)P(A_i)} \tag{3.1}$$

メールの例では変数名を変えましたので，ベイズの定理を (3.2) 式のように書き直して，スパムメールの問題にベイズの定理がどう使われるのかを確認していきます．

---

3) 条件を付けたという意味が分かりづらいでしょうが，「S だったとしたら…」，「N だったとしたら…」という意味です．

3.2 スパムメールを判定するロジック　39

$$P(M_i|W_j) = \frac{P(W_j|M_i)P(M_i)}{\sum_{i=1}^{2} P(W_j|M_i)P(M_i)} \tag{3.2}$$

メールの例では i は2通りしかありませんから M_1, M_2 と書くよりもズバリ S と N で書いた方が分かりやすいでしょう．そして私たちに関心があるのはスパムメールである確率の方です．ノーマルメールの確率は $P(N)=1-P(S)$ と書き直せますから，フィルタリングに使う式は（3.3）式になります．

$$P(S|W_j) = \frac{P(W_j|S)P(S)}{P(W_j|S)P(S) + P(W_j|N)\{1-P(S)\}} \tag{3.3}$$

（3.3）式の右辺分子の $P(W_j|S)P(S)$ は条件付き確率と事前確率の積で，これは W_j と S の同時確率でもあります．この（3.3）式の意味を日本語で述べると次の通りになります．

「スパムメールでワード W_j が出現する同時確率を求めましょう．同様にノーマルメールであって，かつワード W_j が出現する同時確率を求めましょう．両者の合計に占める前者の構成比が，そのメールがスパムメールである確率です．」

これで，ワード1個を評価した時のスパムメールの事後確率が求められました．

■ **ステップ3：逐次的に事前確率を更新**

1つのメールには複数のワードが含まれます．ナイーブベイズでは，ワードの処理と連動して動的に事前確率を更新していきます．なぜなら，まだメールを読まない時点であれば図3.2の事前確率しか準拠する情報がありませんが，メールを読んでいくにつれて，S なのか N なのかという確信が変化していくのは極めて自然な判断プロセスだからです．

具体的には（3.3）式から得られた事後確率を次のワードの処理においては事前確率に採用する，という単純作業の繰り返しです．

図3.2と表3.1を利用して，「出会い」⇒「無料」の順にワードが出てきたとして事後確率の推定過程を追ってみましょう．まずは「出会い」です．

$$P(S|出会い) = \frac{P(出会い|S)P(S)}{P(出会い|S)P(S) + P(出会い|N)\{1-P(S)\}}$$

$$= \frac{0.8 \times 0.9}{0.8 \times 0.9 + 0.3 \times 0.1} = 0.96$$

そこで事前確率を $P(S)^*=0.96$ に更新すれば，次の「無料」までを含めた推定結果は次の通りになります．

$$P(S|出会い, 無料) = \frac{P(無料|S)P(S)^*}{P(無料|S)P(S)^* + P(無料|N)\{1-P(S)^*\}}$$

$$= \frac{0.7 \times 0.96}{0.7 \times 0.96 + 0.3 \times \{1-0.96\}} = 0.982$$

このように出てきたワードごとに（3.3）式の計算を繰り返して事後確率を更新していくのです．図3.2の情報を用いるのは最初の1回目だけであること，その一方で，表3.1の条件付き確率は同じ値を使い続けることに注意してください．このように一語ごとに確率の評価を繰り返すということはワード間の独立性を仮定していることに注意してください[4]．

【確率計算の数値例】

形態素解析[5]によって新規のメールから単語を切り出し，ワードが出る都度（3.3）式の計算を繰り返します．表3.2はステップ1〜3に沿って計算した数値例です．ワードの出現順が変わればスパムメールである推定値も途中経過については変わってきます．

表3.2　6つのワードを順に処理した計算例

出現順	同時確率			事後確率	
	スパムS	ノーマルN	その合計	スパムS	ノーマルN
出会い	0.720	0.030	0.750	0.960	0.040
無料	0.672	0.012	0.684	0.982	0.018
お知らせ	0.393	0.011	0.404	0.974	0.026
ベイズ	0.001	0.003	0.004	0.272	0.728
ベイズ	0.000	0.073	0.073	0.004	0.996
出会い	0.003	0.299	0.302	0.010	0.990

---

4) ワードが互いに独立に出現するという仮定はもちろん怪しいです．おそらく「出会い」が出てきたら「無料」も出やすくなるでしょう．スパムメールの事例は，理論的に不適切であっても実用上は役立つことがあるという格好の例です．

5) 自然言語で書かれた文章を単語に切り分け，名詞・形容詞・動詞などの区別を行う処理を自動的に行います．テキストマイニングのためのフリーウェアがいくつかあります．

■ ステップ4：振り分け判定

表3.2の場合は図3.3のようにスパムメールの確率が推移していきます．

図3.3の推移を見ますと，まずは「出会い」と「無料」が出て，スパムメールの確率が高まっています．ところが後半にベイズという言葉が連続することによって，確率がガタンと下がります．同一のワードが何回も繰り返して出現することで，スパムメールの推定確率に影響を与えること，また推移のグラフは単調に増加あるいは減少を続けるとは限らず，上下変動があることが確認できます．

【判定の基準】

メールを送受信している管理企業は，自社のスパムメールの判定基準を公開していません．おそらく次のようなルールによってフィルタリングを実行しているものと推察されます．

1) メールの出だしだけで判定するのは危険なので，単語を読み始めて最初の n_1 個のワードまでは必ず確率計算に利用する．
2) その後，単語を逐次的に評価して，$P(S|W)$ が閾値の p^* を上回ったらスパムメールとして隔離する．
3) 2) の計算を n_2 個のワードまで繰り返しても p^* を上回らなければ，判

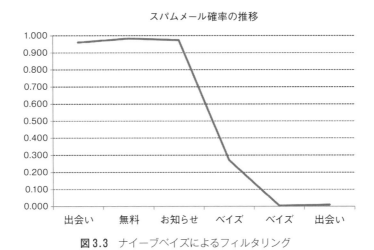

図3.3 ナイーブベイズによるフィルタリング

定を打ち切って,受信側のサーバーにメールを送信する.もし n_2 個のワードに到達する前にメールの文末が来た場合も送信メールとして扱う.

結局, n_1, n_2, p^* の3つをどう決めるかが,フィルタリングを行う専門家の腕の見せどころになりましょう[6]. p^* を S と N が5分5分の0.5に設定することはおそらくあり得ない判定基準でしょう.サーバー段階でスパムメールに仕分けた中にノーマルメールが混入することは,ユーザーの利益を大きく棄損することになるからです.おそらく閾値の p^* は高めに設定して安全策をとっているものと想像されます.

3.3 フィルタリングはなぜ上手く働くのか

■ 確率的予測という意味

さて,スパムメールのフィルタリングは確率的な予測をしているだけですから,判定結果が絶対正しいわけではないことに留意してください.すべてのメールについてスパムメールか否かという真実が明らかにできるわけではありません.たとえば次のメールを見てください.

> ビジネスのためのデータ解析に日々苦心されておいでの方々の*出会い*の場としてサロン的な研究会を開きたいと思います.参加費は*無料*です.
>
> **お知らせ**
>
> 第1回は○月○日に*ベイズ*についての研究報告をします.ベイズに関心をお持ちの方々と*出会い*ができる機会です.

図 3.4 実は怪しくないメール

これは以前,私が幹事をした某研究会の案内メールの一節です.説明の例として図3.4のイタリックの箇所を選んで計算したのが表3.2でした.

さて,本節で注意したいことはベイズのフィルターを突破して各受信者に届いたメールは,すべてが通常メールなのではなくスパムメールも含まれている

---

6) もっと複雑なルールを設定することもできます.しかし唯一の正解はないので試行錯誤しながらチューニングするしかありません.

ということです．では正しい事前確率と条件付き確率のデータはどうやって取得されているのでしょうか．個々のメール単位にスパムメールか通常メールかをタグづけした情報がなければ条件付き確率が計算できません．ではグーグルの技術者が毎日人海戦術でメールを読んで仕分けているのでしょうか？

■ 事前確率と条件付き確率の出どころ

　ナイーブベイズにサーバーとユーザーがどう関わっているかという概略を示したのが図3.5です．サーバーソフトであるMTAはスパムメールと判定したメールは隔離し，それ以外のメールはすべて受信者のドメインのメールサーバーに向けて送信します．送信したメールも分析のために一時保存しておきます．すべてのメールはデータベース化され，表3.1のような条件付き確率を更新するために利用されます．

　受信者がメールを読んだ時の行動がCとDです[7]．未読削除の解釈はとても複雑です[8]．比較的分かりやいのが「閲覧したメール」が，EかFまたはGに分かれることです．

　ではB+EをTで割れば事前確率が求まるのか，というとそうはいきません．なぜならユーザーが個々のメールをどう分類したかは，ユーザーがシステムに対して，情報提供をしない限り知りようがないからです．

　ユーザーはメールソフトの利用を開始する際に「○○および提携会社に迷惑メールを報告する」という情報提供を許諾するかどうかを聞かれます．この

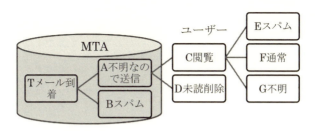

図3.5　メールサーバーとユーザーの判断

---

7) 正確に言えばPCのメーラを使う場合にはメールはPCにダウンロードされますが，ウェブメールの場合は，サーバーに保存されたメールを閲覧することになります．
8) メールの差出人や件名を見て削除する場合もあるでしょうし，たんにメールを見るのが面倒で削除する場合もあるでしょう．ユーザーの真意を識別するのは困難です．

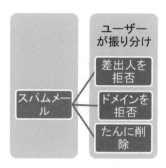

図 3.6 スパムメールの振り分け

ユーザーエクスペリエンス向上プログラムをユーザーが拒否することは可能です．しかし多くのネットユーザーは，拒否せずユーザー登録をするのではないでしょうか．そしてデフォルトの場合は情報提供を許諾したものとしてプログラムは設定されています．

そして許諾したユーザー達がせっせとメールを読んで，スパムメールを図3.6のように振り分けて，その情報をフィードバックすることで図3.2の事前確率および表3.1の条件付き確率が自動集計されてアップデートされる，というのが事の真相なのです．スパムメールのフィルタリングを優秀にさせているのはユーザー自身だったのです．

情報を取り入れることで次第に学習していくのがベイズ・フィルタリングの長所です．ベイズ・フィルタリングは機械学習の一種です．機械学習は使用開始時点で賢い判定ルールを与えようとするエキスパート・システムとは全く異なるアプローチです．

■ なぜ逐次的にスパム確率を推定するのか

表3.2の6つのワードが，{ベイズ，ベイズ，出会い，出会い，無料，お知らせ}という順に出現したとしましょう．図3.7がその場合のスパムメール確率の推移です．

6語終了後のスパムメールの確率は0.010であって，表3.2の結果と同じになります．ワードおよび出現頻度が同一であれば推定値も同じです．では，なぜ始めからすべてのワードをワード別に集計したうえで一括計算をしないのでしょうか？メールの全文を処理するのが一番正しいのではないか？こういう基

3.3 フィルタリングはなぜ上手く働くのか

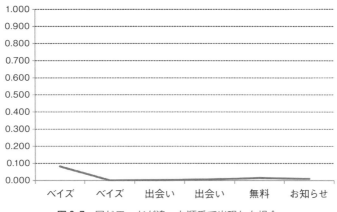

図 3.7 同じワードが違った順番で出現した場合

本的な疑問に答えることは，とても大事だと思います[9]．

フィルターがワードを逐次的に処理する理由は次のとおりです．
1) メールはユーザーが自発的に書くので，ワード数の上限も具体的な内容もシステム側からは制御できない
2) できるだけ素早く１つのメールを振り分けて，次のメールの検査に移りたい．つまり「厳密性」よりも「スピード」を優先する

実は，このような「リアルタイムに処理する」というアイデアはスパムメールのフィルタリングが最初ではありません．適性検査や性格テストの分野には古くからアダプティブ・テストという技法がありました．対象者全員に同じ内容のテストをする必要はないし，同じ時間拘束することもない．判定が出たらその時点でテストを打ち切る方が，誰にとっても無駄な負担が減らせるはずです．職業適性の診断にしても，性格診断にしても個人の反応に応じてテスト内容をアダプティブに変化させる方が合理的です．そして結論が出たらそこでテストを打ち切ればよいのです．画一的な対応は適切ではないという発想は，顧客によって企業が対応を変えるフリークエント・ショッパーズ・プログラム

---

9) 事前分布を１ワードずつ更新しながら逐次的に推定しても，複数ワードを一括して推定しても推定結果が一致する性質を**逐次合理性**といいます．経路によらず同じゴールに到達できるのはベイズ推定の優れた性質です．

(FSP) やポイントプログラムにも通じるものです[10].

3.4 Excelへの実装

最後にナイーブベイズの実務への実装について解説します.ナイーブベイズは単純ですのでExcelで簡単に計算できます.計算例としては,表3.2と同じスパムメールの例を使いましょう.表3.3ではナイーブベイズの(3.3)式どおりに計算しています.

表3.3の(3)では次のようなExcel関数を使っています.15行C列の0.72のセルには=VLOOKUP(A15,A3:D6,3,0)*C10という関数を入れました.関数の最初の引数A15はこの例では「単語コード1」を指しています.次のA3:D6は(1)の条件付き確率のテーブルを指しています.テーブルの見出し部分は含まれていません.VLOOKUPという関数は,A3:D6で参照した一覧表の第1

表3.3 ナイーブベイズの計算

	A	B	C	D	E	F	G
1	(1)条件付き確率						
2	単語コード	ワード	スパムS	ノーマルN			
3		1 出会い	0.8	0.3			
4		2 無料	0.7	0.3			
5		3 お知らせ	0.4	0.6			
6		4 ベイズ	0.001	0.1			
7							
8	(2)事前確率						
9			S	N			
10		事前確率	0.9	0.1			
11							
12	(3)ナイーブベイズの計算						
13			同時確率			事後確率	
14	単語コード	ワード	スパムS	ノーマルN	その合計	スパムS	ノーマルN
15	1	出会い	0.72	0.03	0.750	0.960	0.040
16	2	無料	0.672	0.012	0.684	0.982	0.018
17	3	お知らせ	0.3929825	0.010526316	0.404	0.974	0.026
18	4	ベイズ	0.0009739	0.002608696	0.004	0.272	0.728
19	4	ベイズ	0.0002718	0.072815534	0.073	0.004	0.996
20	1	出会い	0.0029756	0.298884166	0.302	0.010	0.990

---

10) この分野にはFSPとかLTV(Life Time Value:顧客の生涯価値)など英語が多いのですが,江戸時代の呉服店に始まるお帳場客の制度は今日でいうワンツーワン・マーケティングそのものです.

列を探索して，A15 と同じ値を持った行を見つけろ[11]．「出会い」の行がそれにあたります．次の 3 という引数はそのテーブルの 3 列目の値を代入しろ，という命令です．具体的にはスパムで条件付けた「出会い」の確率 0.8 が代入されます．最後の 0 というオプションは「完全一致検索」をしろという指定です．これで VLOOKUP 関数の仕事が終わって，0.8 という値が戻り値になります．それと C10 にある事前確率 0.9 を掛けろという命令になっています．

こうして $P(出会い|S)P(S)=0.8\times 0.9=0.72$ が求められました．その右隣の =VLOOKUP(A15,A3:D6,4,0)*D10 も同様に理解してください．

この 2 つの確率の合計を E の列に入力し，その比例配分として事後確率を計算する部分は簡単だと思います．「事後確率」の 2 つのセルは左から順に，=C15/E15，=D15/E15 という Excel 関数を入力しています．

大事なのは 16 行 C 列の 0.672 のセルに入っている次の関数です．

=VLOOKUP(A16,$A$3:$D$6,3,0)*F15

「出会い」の行の VLOOKUP 関数と似ているのですが，掛け算に使う事前確率が (2) 表ではなく (3) 表のスパムの「出会い」処理後の事後確率 0.960 を使っていることに注意してください．事前確率をアップデートしているのです．

検索範囲の $A$3:$D$6 はセルをコピーしても動かないように絶対参照にしているところにも注意が必要です．

同様に 16 行 D 列のノーマルで無料のセルには次の関数が入ります．

=VLOOKUP(A16,$A$3:$D$6,4,0)*G15

(3) 表の「同時確率」の欄の 3 行目「お知らせ」以降は，第 2 行目の関数をコピーすればよいのです[12]．

表 3.3 からナイーブベイズの計算は簡単だ，ということを理解してもらえればそれでよいと思います．ナイーブベイズではワードとワードの独立性を仮定しているために，このように単純な計算が可能になるのです．

---

11) この探索法からして，参照辞書にあたる表 (1) ではコード番号の重複は許されません．また表 (3) で該当するコードが無いということも許されません．
12) Excel の関数には OFFSET (オフセット) という自由度の高い関数があって，本事例でも利用できます．けれども VLOOKUP の方が関数の指定が簡単です．

◆**ナイーブベイズの実務への導入**◆

以下はマーケティング・サイエンスのアナリティクスを実践しているコレクシアの村山幹朗氏によるコメントです．

『マーケティングでのデータ解析というと，これまでは多変量解析が中心的な方法でした．とくに重回帰分析と判別分析がよく利用されてきました．それでも事業会社の意思決定者から，どういう理屈でそういう結論が出るのかが分からないと言われる事がよくありました．そうした中でベイズ統計は実務現場から納得が得やすいという長所があります．

とくにナイーブベイズはExcelに実装して計算過程を追うことが容易です．「データを追加・変更するたびに予測結果がすぐ出せる」という特徴が顕著です．

コレクシアでは，手を動かしながら分析できるナイーブベイズ分類機を開発しています．そしてマーケティング担当者と分析担当者がデータの切り口を変えながら検討するライブ・デモンストレーションというセッションを通じて，スムーズな意思決定に結びつけています．

現在ベイズ統計を導入している業界は，意思決定がアクションに直結しやすい業界です．とくにスマートフォンゲームの業界では導入が進んでいます．今後は同じくテストマーケティングが活躍する食品業界や菓子業界でも導入が拡大するものと予想されます．』

事前分布を組み入れた推定

2章で述べたベイズ統計のアイデアに沿って本章ではベイズ統計の具体的な導入の仕方を紹介します．小さな数値例をあげながらベイズ統計の方針設定から計算過程まで順を追ってみましょう．事前分布を組み入れてパラメータを推定するところが一番のポイントです．その点を含めて本章では，次の3つの疑問について答えていきたいと思います．

・尤度関数ってなんだろうか
・事前分布をどうやって決めたらよいのだろうか
・事前分布と尤度関数を「掛ける」とは具体的にはどういう計算をするのか

いずれも初心者にとってボトルネックになる疑問ばかりです．抽象論や一般論ではなく具体例で説明します．

4.1 過去の実績で補正する

ここでは（4.1）式のベイズの定理を実務の場面にどうやって当てはめていけばよいのか，という問題をとりあげます．（4.1）式の $f(D|\theta)$ が尤度関数で $f(\theta)$ が事前分布で $f(\theta|D)$ は事後分布です．k は適当な係数で $\propto$ は比例関係を表します．

$$f(\theta|D) = kf(D|\theta)f(\theta) \propto 尤度関数 \times 事前分布 \qquad (4.1)$$

■ テレビドラマの視聴率を予測する

企業では新製品の市場導入に先立って何らかの導入前テストを行います．家電品なら試用テスト，飲食料品なら試飲・試食テストですが，それらを総称し

て製品テストと呼んでいます．

　映画についても制作段階でモニターを集めて極秘に試写会を行い，上映後の観客動員数を予測するとともに，モニターの反応次第では映画のエンディングを変えたりキャンペーン戦略を修正するそうです．

　さて以下は全く架空の話ですが，あるテレビ番組をオンエア前にテストしたとしましょう．秘密裏にテストをしなければなりませんからモニターの人数はそう大規模にはできません．テストの目的はオンエア後の視聴率を予測することです．

　その番組は〈温泉グルメ殺人事件〉というサスペンスドラマで，テレビ局では同じ原作者と脚本家で，これまで多数の作品を手掛けてきた実績があり，過去に数百本のドラマが制作されています．

　過去の視聴率も当然明らかになっています．ちなみに首都圏の600世帯で番組視聴率を調査した結果，前シリーズの平均視聴率は15%でした[1]．本節の事例ではこのデータを過去の実績として使うことができます．

【試写テストの結果】

　首都圏に居住する一般の視聴者100人を集めて試写テストを行い，彼らがこのシリーズの番組を見たいと思ったかを聞きました．一人一人のモニターの反応は，

　　$Y=1$：見たい

　　$Y=0$：見たくない

の2値（にち）でデータを入力し，さらにYの値を合計して変数Xを作りました．ですからXは見たいと答えた合計人数を表します．今回の試写テストでは$X=10$，つまり100人中10人が〈温泉グルメ殺人事件〉を見たいと回答しました．

　製作者側が本当に関心を持っているのは関東地区における新番組の視聴率θなのですが[2]，それを予測するために集めたデータがXです．人間の心は移ろいやすいので，もう一度モニターを集めてテストをやり直せば，Xの値は変動してしまうかもしれません．

---

1) 本節で示した例題は，実在するテレビ局，ドラマ，調査会社とは一切関係がない架空の例です．
2) θは確率のつもりですので，パーセントの数値を100で割った値にします．10%なら0.1です．1章の表1.5の2項分布でpと書いたパラメータがこのθです．

■ ステップ1：関心のある変数の確率分布を決める

まず関心ある変数 X がどのような確率分布に従うかを検討するところから始めましょう．本節の事例では X は視聴意向があった人数ですから，$X=0,1,2,\cdots,100$ という非負の整数しか起きません．0なら新番組を誰も見たくなかった場合だし，逆に100なら全員が見たかった場合になります．

以上の検討から，まず正規分布という最もポピュラーな確率分布が候補から外れます．マイナスの人数も100人を超える人数もテストの仕組み上出てこないからです．

次にモニター数 n を100と確定したのですが，この100は何を意味するのでしょうか．これは視聴意向を回答させた試行数だと考えることができるでしょう．その試行数は，調査のスケジュールや経費などの事情からテレビ局が勝手に決めたものです．もっと反復できたかもしれないが今回のテストは $n=100$ で打ち切ったのだ，と解釈します．最後に肝心なパラメータである視聴率 θ ですが，その値自体は分析者には未知なものの，一般視聴者の間では共通だと仮定します．

視聴するかしないかは確率 θ によって変動する行動[3]です．ですから100回の回答機会のうち何回 $Y=1$ が生じたかという実現値も変動します．回答機会といっても，同一人物に質問を反復するのは実施上無理があるので，本来の反復数をモニターの人数に置き換えたのだ，と解釈するのです．

さて以上の解釈が適合する離散的な確率分布が2項分布です．2項分布というのは，成功確率 θ が一定である施行を n 回反復してそのうち成功した回数の分布を示すモデルです．この2項分布が試写テストの統計モデルとして適している，と分析者が判断したとしましょう．すると，たとえば視聴率が $\theta=0.1$ のテレビ番組を試写して，モニター100人中 X 人が視聴すると答える確率分布は (4.2) 式の通りになります[4]．左辺の $f(X|\theta=0.1)$ という書き方ですが，縦線の右の $\theta=0.1$ という条件付きでの X の確率関数を意味します．

---

[3] 厳密にいえば視聴行動が生起するわけではありません．視聴意向と現実の視聴率は異なります．選挙の投票意向と投票行動が違うのと同じことです．

[4] (4.2) 式で $\binom{100}{x}$ という記号は100から x を選ぶ組み合わせの数を意味します．$\binom{100}{10} = 1.73 \times 10^{13}$ です．

52 第4章 事前分布を組み入れた推定

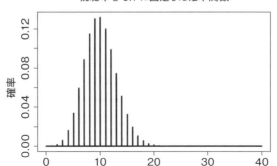

図 4.1 $n=100$, $\theta=0.1$ の2項分布の確率分布

$$f(X|\theta=0.1) = \binom{100}{x} \times 0.1^x (1-0.1)^{100-x}, \quad X=0, 1, 2, \cdots, 100 \quad (4.2)$$

(4.2) 式をグラフに描いたのが図 4.1 です．$X=10$ の時に確率は 0.132 で最も大きな値をとります．X は離散的な確率変数なので，この図で縦線の間の区間には関数値は存在しません[5]．また 100 人調査したにもかかわらず 40 人から先のグラフを省いたのは 30 人以上の発生確率がほぼゼロだからです．

さて，図 4.1 の確率分布が，パラメータ θ を推定しようとする目的に何の役に立つのか不思議に思いませんでしたか．分析者は真の視聴率 θ が未知だからこそデータをとって推定しているのです．一方で図 4.1 は $\theta=0.1$ が正しいことを前提にして確率関数を描いたものです．もしかしたら視聴率が $\theta=0.1$ とは違っていても $X=10$ という現実は起きるかもしれませんね．

■ ステップ2：尤度関数にスイッチする

現実にはテストが済んでしまったら X はもはや確率変数ではなくて定数になります．不明なパラメータ θ こそ変数として扱うべきです．2 章の 32 ページで述べた〔ジャンプ3〕の話です．そこで (4.2) 式の変数の役割をちょうど反対にして書き直したのが (4.3) 式です．

---

[5] あるいは $X=0, 1, 2, \cdots, 100$ 以外は $f(X)=0$ だといっても結構です．

表 4.1　尤度関数とは何か

	確率関数　(4.2)式	尤度関数　(4.3)式
分かっている	θ の値	X の値
分かっていない	X の値	θ の値

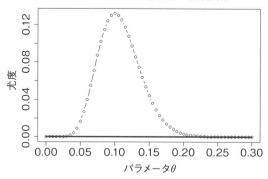

図 4.2　尤度関数のグラフ

$$f(X=10|\theta) = \binom{100}{10} \times \theta^{10}(1-\theta)^{100-10}, \quad 0 \leq \theta \leq 1.0 \quad (4.3)$$

(4.2) 式と (4.3) 式では分かっていることと分かっていないことが入れ替わっています．それを整理したのが表 4.1 です．

(4.3) 式はパラメータの関数ですから，これを**尤度関数**と呼びます．θ を横座標にとって (4.3) 式のグラフを書くと図 4.2 のようになります．

図 4.1 と図 4.2 を見比べると，まず図 4.1 の横座標が離散的な人数だったのに対して図 4.2 は連続変数である確率 θ にスイッチしました．図 4.1 と図 4.2 の最大の違いは，図 4.1 は確率を合計すると 1.0 になるのに対して，図 4.2 では関数を $0 \leq \theta \leq 1$ の範囲で積分しても 1 にならないこと，したがって尤度関数は確率分布ではないことが確認できます[6]．

では尤度関数とは何を意味するのでしょうか．図 4.2 では $\theta=0.1$ で尤度が

---

6) 積分などしなくても，図 4.2 の関数の下の面積が 0.01 くらいになりそうなことはグラフを見れば見当がつきます．幅が 0.1 で高さ 0.1 の正方形と大体同じ面積らしいからです．きちんと定積分の計算をすれば 0.00989 なので目で見た感じと大体合っています．

最も高くなっています[7]が，その近辺でも同程度の尤度をとっています．一方 $\theta > 0.25$ の領域になると尤度はほぼゼロです．つまり，尤度とはパラメータ θ が現実のデータに照らして「もっともらしい」程度を表した関数だと理解すればよいのです．

■ ステップ3：事前分布を導入する

例題のサスペンスドラマは，水戸黄門並みの長年の実績とそれを支える固定ファン層がついています．事前分布の導入戦略は後の4.3節に述べるように大きくは4通りあるのですが，本節では長寿番組のドラマの強みを活かして，前シリーズの視聴率の情報を活用しましょう．1つのシリーズのもとに何回もの番組が制作されますから視聴率の散らばり具合も分かります．過去の平均視聴率は15%であり，同番組の制作スタッフは視聴率が10%を下回ることも20%を上回ることもほとんどないという経験則を持っています．首都圏のテレビ視聴パネルは600世帯ですから前シリーズの視聴世帯は $600 \times 0.15 = 90$，非視聴世帯は $600 \times 0.85 = 510$ になります．

ベータ分布という分布がこのような既存の知識をうまく表現してくれるので，それを事前分布に使うことにしましょう．ベータ分布の密度関数は2つのパラメータ a, b で決定されます．本事例では $a = 90, b = 510$ とそのまま指定してグラフを描いたのが図4.3です．

ベータ分布は横座標の範囲が $0 \leq \theta \leq 1$ ですし，a, b はそれぞれ Yes の人数，No の人数だと解釈すると憶えやすいパラメータですから，このドラマの事前分布に採用するのにぴったりです．本当は $a = 91, b = 511$ とした方がロジカルですが．ベータ分布には他にも都合のいい性質があるのですが，それは4.3節で述べます．

図4.3は $\theta = 0.15$ で確率密度は最大値の27.34をとり，視聴率が20%を超えることも10%を下回ることもほとんどない，という既存の知識をうまく表しています．幸いなことに本例題のパラメータは視聴率そのものですから，パラメータは目に見えない抽象的な概念ではなく，近似的にせよ調査によって観測可能な指標です．ですから分析者は実感をもってパラメータの事前分布を決

---

[7] 尤度が最大の $\theta = 0.1$ をパラメータの推定値とするのが最尤法です．1点を推定する最尤法と分布全体を推定するベイズ推定は別のものです．

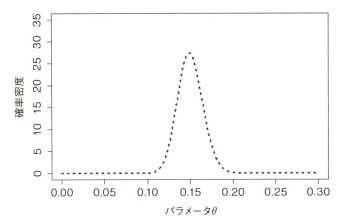

図 4.3 サスペンスドラマの過去の実績を表した事前分布 $Beta(90, 510)$

めることができるのです.

図 4.3 の事前分布を数式で書いてみると（4.4）式の通りになります．この密度関数は $Beta(90, 510)$ という表記で簡潔に表すことができます．

$$f(\theta) = \frac{\theta^{90-1}(1-\theta)^{510-1}}{B} \tag{4.4}$$

（4.4）式分母の B は密度関数 $f(\theta)$ を θ の全域で積分すると 1 になるようにサイズを調整するための正規化定数です．ただそれだけの役回りの数値なので，あまり気にしないでください[8]．

■ **ステップ 4：いよいよ事後分布を求める**

尤度関数は（4.3）式，そして事前分布は（4.4）式とそれぞれ用意ができましたので，いよいよこの 2 つの関数を「掛ける」段階に来ました．掛ければ事後分布 $f(\theta|D)$ が得られるわけではなくそのカーネルになります．けれども 2 章の図 2.6（33 ページ）で示したようにカーネルを k 倍すれば事後分布になるのですから，ほぼ求める結末に近づいてきた感じです．ともかく（4.3）式と（4.4）式を掛けますと，

---

[8] どうしても B が気になるなら，$B = \int_0^{1.0} \theta^{90-1}(1-\theta)^{510-1} d\theta = 2.039564 \times 10^{-111}$ です．この数値は R ではベータ関数 `beta(90,510)` で求められます．

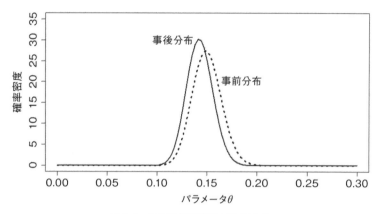

図 4.4 今年の視聴率はどうなるか

$$f(X=10|\theta)f(\theta)$$
$$=\binom{100}{10}\times\theta^{10}(1-\theta)^{100-10}\times\theta^{90-1}(1-\theta)^{510-1}\times\frac{1}{B}, \quad 0\leq\theta\leq1.0$$

とても大事な注意点は，この関数が θ だけの関数だということです．そして 2 項係数の $\binom{100}{10}$ と B は定数です．ですから θ を含まない項は何もかも定数 k に一括してしまえば，結局，求めていた事後分布は次のように表されます．

$$\begin{aligned}f(\theta|D)&=k\times\theta^{10}(1-\theta)^{100-10}\times\theta^{90-1}(1-\theta)^{510-1}\\&=k\times\theta^{100-1}(1-\theta)^{600-1}\end{aligned} \quad (4.5)$$

(4.5) 式で表される確率分布はベータ分布に他なりません．$\theta^{100-1}(1-\theta)^{600-1}$ のべき乗部分に着目すれば事後分布が $Beta(100,600)$ になることは明らかです．すでに確率分布の具体的なパラメータまで確定できている以上，定数 k がいくつかなど知る必要もないのです．

これでめでたく求めていた事後分布の関数式が導かれましたので，事前分布と事後分布をグラフ化したのが図 4.4 です．〈温泉グルメ殺人事件〉の視聴率は前シリーズよりもやや低めになると予測されました．

以上をまとめて，ドラマの試写テストの結果と事前分布がどのように事後分布に影響したのかを示したのが図 4.5 です．ここで尤度関数は図 4.2 を縦方向に 100 倍して，密度関数と見比べやすいように修正しました．結局，尤度関数の情報に事前分布を加味することで，事後分布は両者の間をとるように推定されたことが分かります．

3つの関数を比較する

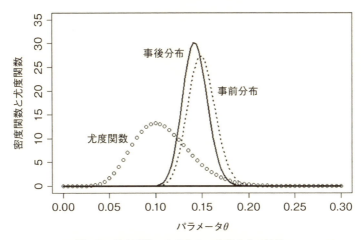

図 4.5 尤度関数, 事前分布, 事後分布の比較

今回の試写テストの事例はテストのモニター数が 100 人であり, ベンチマークに使った過去の視聴率調査よりも少ないために, 事後分布は事前分布の方により近づいた分布になっています.

■ ステップ 5：事後分布から分かること

では事後分布が分かれば新シリーズの視聴率について何が言えるのでしょうか. 幸いベータ分布 $Beta(a, b)$ については平均が $\frac{a}{a+b}$, モードが $\frac{a-1}{(a-1)+(b-1)}$ になるという性質が分かっていますので, 簡単に事後分布の情報が明らかになります. 本節の事例の場合は $Beta(100, 600)$ でしたから,

$$視聴率の平均値：\frac{100}{100+600}=0.143$$

$$視聴率のモード（最頻値）：\frac{99}{99+599}=\frac{99}{698}=0.142$$

$$視聴率のメジアン（中央値）[9]：0.143$$

---

[9] メジアンは事後分布を小さい方から累積して面積が 0.5 となった時の θ の値を意味します. 中位数とも呼びます. Excel の関数を使えば =BETA.INV(0.5,100,600) という指定によって 0.143 という値が出てきます.

第4章 事前分布を組み入れた推定

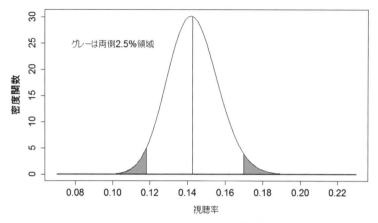

図 4.6 事後分布から得られる知識

　図に描けば図 4.6 の通りで，平均値を示す縦線はモードの位置よりわずかに右にずれています．この事例ではメジアンは平均値と一致していて，視聴率が 14.3% を上回る確率と下回る確率は半々になります．

　次に視聴率の 95% **信用区間**（credible interval）は事後分布の大きい方の端と小さい方の端の 2.5% ずつをカットした区間になります．図 4.6 でいえば両端のグレーゾーンを除いた区間ですので，$[0.118 \leq \theta \leq 0.170]$ です．〈温泉グルメ殺人事件〉の視聴率はほぼ 11.8% から 17% の間に入るだろう，そして平均的には 14.3% の視聴率をとるだろう，というのが事後分布から得られる知識です．

　通常，マーケティングの実務では，これくらいの情報が得られればよいのではないでしょうか．

　ステップ 5 から得られる重要な結論は，今回の試写テストの結果である 10% よりも事後分布の平均値 14% の方が確かだろう，ということです．なぜベイズ推定の方が確からしいのかというと，ベイズ推定には過去の視聴率調査の情報がベンチマークとして活かされているからです．

4.2 Excelで実行確認

前節では尤度関数とは何なのかを説明しました．またどういう根拠から事前分布を選んだのかという理由も説明しました．けれども事前分布と尤度関数を「掛ける」というのが何を意味するのか，読者はまだピンとこないのではないでしょうか．なぜなら事後分布を導いた肝心の（4.5）式では，尤度関数と事後分布の積を数式展開して理論的に事後分布はベータ分布に間違いないと結論づけてしまったからです．ですからその後の事後分布の性質やグラフは，その結論づけたベータ分布を使って導いたものです．なにか騙されたような気がしませんか？

もし数式展開をしても事後分布が何の分布だか分からなかったらどうするのでしょうか．ストレートに尤度関数と事前分布を掛け算して数値的に事後分布が分かるなら，「掛ける」という意味が納得しやすくなるはずです．

（4.5）式に登場する関数はすべて連続型ですから，コンピュータの有限の計算能力の範囲では関数の積は実行できません．厳密にいえばその通りですが，連続量からとびとびの数値を代表選手として選んで掛け算を行い，近似的に事後分布を生成することはできます．そうすれば関数の積とは何を意味するのかが実感できるでしょう．掛け算の実行ツールにはExcelを使います．計算式はベイズの定理の通りです．

【事後分布 ∝ 尤度関数 × 事前分布】

$$\text{尤度関数} \quad f(X=10|\theta) = \binom{100}{10} \times \theta^{10}(1-\theta)^{100-10} \quad (4.3)\ (\text{前出})$$

$$\text{事前分布} \quad f(\theta) = k \times \theta^{90-1}(1-\theta)^{510-1} \quad (4.4)\ (\text{前出})$$

■ Excelで事後分布を求める

表4.2に計算過程を示しました．まず左の欄にはパラメータθを並べておきます．$0.0 \leq \theta \leq 0.25$の範囲で刻み幅を0.01にしました．これはごく粗いシミュレーションなのですが，刻み幅をさらにその1/10とか1/100に細分化して再計算することは容易です．

次の2列には，この共通したθに対応する尤度関数の値と事前分布の値をそ

表 4.2 Excel で事後分布を求める

θ	尤度関数	事前分布	事後分布
0	0.000	0.000	0.000
0.01	0.000	0.000	0.000
0.02	0.000	0.000	0.000
0.03	0.001	0.000	0.000
0.04	0.005	0.000	0.000
0.05	0.017	0.000	0.000
0.06	0.040	0.000	0.000
0.07	0.071	0.000	0.000
0.08	0.102	0.000	0.000
0.09	0.124	0.001	0.002
0.1	0.132	0.025	0.069
0.11	0.125	0.411	1.066
0.12	0.108	3.015	6.748
0.13	0.086	11.136	19.840
0.14	0.064	22.676	29.947
0.15	0.044	27.341	25.123
0.16	0.029	20.668	12.482
0.17	0.018	10.260	3.867
0.18	0.011	3.475	0.779
0.19	0.006	0.829	0.106
0.2	0.003	0.143	0.010
0.21	0.002	0.018	0.001
0.22	0.001	0.002	0.000
0.23	0.000	0.000	0.000
0.24	0.000	0.000	0.000
0.25	0.000	0.000	0.000

れぞれ計算して書き込みます．たとえば表 4.2 でグレーをつけたセルを A3 とすれば，同じ行の

　　尤度関数のセルには　=1.73*10^13*(A3^10)*(1-A3)^90

　　事前分布のセルには　=(1/2.039564)*10^111*(A3^89)*(1-A3)^509

という関数を入力しました．それぞれを（4.3）式，（4.4）式と見比べれば，べき乗の意味が理解できるでしょう[10]．

どの関数もカーネル部分の計算をしたうえで，それに係数を掛けています．たとえば，尤度関数の場合の 1.73*10^13 は前節の脚注 4 に書いた $\binom{100}{10}$ =1.73×10^{13} という 2 項係数を意味します．事前分布の方も，55 ページ脚注 8 の数値の逆数を掛けただけのことです．最後の事後分布のセルには尤度関数と事前分布の積を書き込んでいます．これもベイズの定理通り，素直に「尤度」×

---

[10] たとえば (A3^10)*(1-A3)^90 は（4.3）式の $\theta^{10}(1-\theta)^{100-10}$ の計算を表しています．べき乗の記号 ^ は，キーボードの Back space キーの 2 つ左にあります．

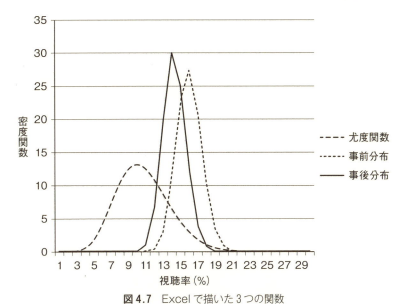

図 4.7 Excel で描いた 3 つの関数

「密度」を掛け算してそれにベータ分布に調整する定数を掛けて求めました．

事後分布のセルは　=20.73*B3*C3

表 4.2 の 2 行以降のセルは 1 行目の関数をそれぞれコピーすることで求められます．

表 4.2 の結果をグラフにプロットしたのが図 4.7 です．ここでも図 4.5 と同じく，尤度関数の折れ線だけ縦方向に 100 倍して見やすくしました．

図 4.7 と図 4.5 を見比べると，ほぼ同じグラフが描けました．以上の確認から Excel を用いてもベイズ推定が実行できることが確認できました．それ以上に重要なことは，「掛ける」ということは関数の値どうしを掛けることだということが体験できたことです．

ですから事後分布をどういう名称の確率分布と呼べばよいかという問題を別にするなら，必ずしも（4.5）式で行ったような数式展開は必要なかったのです．表 4.2 の要領で力まかせに尤度関数と事前分布の数値計算をしさえすれば，事後分布のグラフが描けてしまいます．ベイズ推定はとっつきにくいのではないかという印象がだいぶ薄らいできたのではないでしょうか？

■ Excelの関数を使う

表4.2ではθから離散的に数値を抽出し，あとはベイズの定理に従って，数式を忠実に書き込んで尤度関数，事前分布，事後分布を導きました．とりあえずそれで一件落着なのですが，日ごろからExcelを使いこなしている読者は，なぜそんな面倒な計算をするのか，Excelの関数を使えば簡単に済むのではないかと思ったにちがいありません．そこでExcelの関数を使って計算したのが表4.3です．

表4.3 Excelの関数を使って計算する（一部抜粋）

θ	尤度関数	事前分布	事後分布
0.03	0.001	0.000	0.000
0.04	0.005	0.000	0.000
0.05	0.017	0.000	0.000
0.06	0.040	0.000	0.000
0.07	0.071	0.000	0.000
0.08	0.102	0.000	0.000
0.09	0.124	0.001	0.002
0.1	0.132	0.025	0.069
0.11	0.125	0.411	1.065
0.12	0.108	3.015	6.745
0.13	0.086	11.136	19.832
0.14	0.064	22.676	29.936
0.15	0.044	27.341	25.114
0.16	0.029	20.668	12.477
0.17	0.018	10.260	3.865
0.18	0.011	3.475	0.779
0.19	0.006	0.829	0.106
0.2	0.003	0.143	0.010
0.21	0.002	0.018	0.001
0.22	0.001	0.002	0.000

Excel2010の場合は，「数式」⇒「その他の関数」⇒「統計」と選択すれば，様々な統計関係の関数が利用できます．関数の記述は

```
尤度関数は    =BINOM.DIST(10,100,A3,FALSE)
事前分布は    =BETA.DIST(A3,90,510,FALSE,0)
事後分布は    =BETA.DIST(A3,100,600,FALSE,0)
```

Excel2013の場合も関数の引数の指定法は2010と同じです．Excel2013のBINOM.DISTの指定画面は次の通りです．

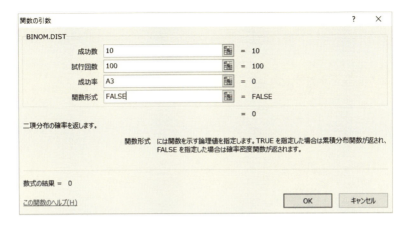

同じく BETA.DIST は次の通りです．

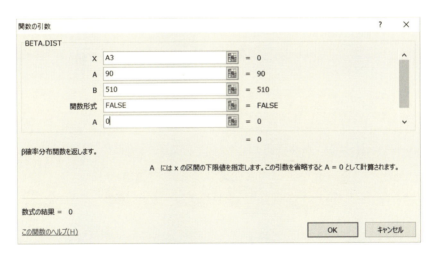

ダイアログボックスを使って計算したいセルに関数を入力したら，それを末尾の行までコピーすれば表 4.3 の数値がアウトプットされます．関数内の引数で A3 などという指定は同じ行にある θ のセルを参照したものなので，シートの配置に応じて参照セルを変えてください．

さて表 4.3 と表 4.2 を見比べれば，小数点以下の数値に若干の相違はあるものの，実質的に同じ結論が得られたといってよいでしょう．

ではなぜ本書では Excel 関数やベイズ専用のパッケージを使うことを控えているのでしょうか．それは，そうした便利なツールを使えば，何の苦労もなく事後分布が出てくる反面，自分が一体何をしているのかがブラックボックスになりがちだという弊害があるからです．

ユーザーが数式を指定して計算させれば，コンピューター内部で何を計算しているのかがトレースできますが，関数やパッケージを使うと内部で何が行われているかが分からなくなります．するとユーザーは何が出力されようがソフトを信じる以外に途がなくなります．

そこで初心者は，ベイズ流の計算ロジックを理解してもらうことを初めの一歩として，納得がいってから便利なツールに移行すればよいと考えます．

もう1つ関数の使用を避けている理由は，個々のソフトの書式が，しばしば不自然な方言で記述されていて，統計学の一般的な常識として通用しないからです．

たとえば Excel 関数の BETA.DIST(A3,90,510,FALSE,0) の引数を見ると，ユーザーはなぜこの命令に FALSE（偽）が入るのか，最後の0は何を意味するのか，など困惑するでしょう．そういう約束だからユーザーは黙って命令に従え，というのではユーザーにはストレスが溜まります．密度関数の値を出力しろ，という命令が FALSE なのですが，それこそ Excel が勝手に決めた文法に過ぎません．

その点で，$\theta^{89}(1-\theta)^{509}$ というような世界共通の数式をそのまま書き下した，(A3^89)*(1-A3)^509 という計算式の方が，より普遍性があります．本書では，基礎的な分析についてはできるだけ地道に一歩一歩理解していきたいと思います．

■ 台という考えかた

台は統計学の学術用語ではありません[11]が，シミュレーションや計算機統計で出てくることがあります．仮に理論上は実数の領域全体 $[-\infty<\theta<\infty]$ で定義されている関数 $f(\theta)$ であっても，関数が実質的に正の値をとる領域はその一部に限られることがあります．図4.8に示すように関数が正の値をとる領域

---

11) よく知られた竹内啓他編『統計学辞典』（東洋経済新報社，1989）や，杉山高一他編『統計データ科学事典』（朝倉書店，2007）にも台という用語は出てきません．

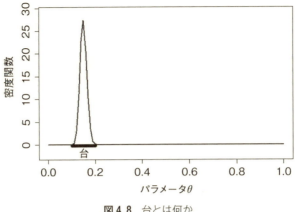

図 4.8 台とは何か

が台であって，その上に関数のグラフが乗っています．正月に鏡餅やお屠蘇を台に載せますが，それに似たイメージです．

コンピューターで数値的なシミュレーションを実行する際，実質的に $f(\theta)=0$ が続く区間は計算を省略するのが効率的です．

たとえば図4.5の3つの関数でいえば，尤度関数の台は $0\sim0.25$ でよさそうですし，事前分布，事後分布は $0.1\sim0.2$ が台だと考えれば大丈夫でしょう．ですから，3つの関数に関するシミュレーションなら3つの台をカバーする $0\sim0.25$ の範囲で計算すれば間に合います．

表4.2で $0\leq\theta\leq0.25$ の範囲だけで計算をしたのはそういう理由からです．もちろん理論を厳密に守って $0\leq\theta\leq1.0$ の範囲で計算しても間違いではありません．ただ，それでは計算時間とアウトプットのボリュームが無駄になります．本書でも台の範囲で数値計算をすることがしばしばあります．

4.3 事前分布の選びかた

事前分布をどう決めるかは，ベイズ推定で肝心かなめのポイントです．その流れを図4.9のように整理してみました．

図4.9の左から順に判断の分岐点を追ってみましょう．まず分析者が関心を持つ反応，たとえば購買行動とかブランド選択がどのような確率分布に従うか

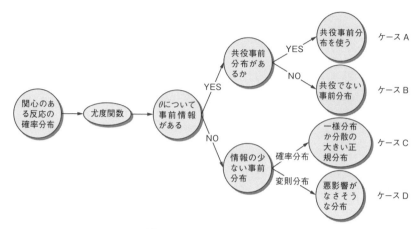

図 4.9 事前分布の選びかた

を決めるところから検討がスタートします．反応がどのような確率分布に従うか皆目わからないとか，そもそも反応が確率分布に従って発生すること自体が疑わしい，というような市場現象があるかもしれません．しかしながら，そういう根源的な懐疑は本書の範囲外としましょう．

たとえ近似的であろうとも現象発生のモデルとして何らかの確率分布が仮定できれば，その先は確率変数とパラメータの役割を入れ替えることで尤度関数が自動的に導かれます．

ここまでは一直線に進むのになぜ図 4.9 のフローダイアグラムにこのスタートアップを書いたのか？といいますと，尤度関数と親和性が高い共役関係の事前分布[12]が見つかるかどうかは，そもそも尤度関数が何かしだいで決まるからです．

さて次にパラメータの事前分布について分析者に事前情報があるかないかでコースが 2 つに分かれます．4.1 節の事例は，反応の確率分布が 2 項分布であると仮定でき，また事前情報からベータ分布を事前分布に選んだのでした．幸いにもベータ分布は 2 項分布の共役事前分布であり，そして共役事前分布を使うと事後分布もベータ分布になる，という都合のよい性質がありました．以上の流れが A のケースです．

---

[12] 正確には**自然共役事前分布**（natural conjugate prior distribution）というのですが，「自然」を省くことがよくあります．なお共役は「きょうえき」ではなく「きょうやく」と読みます．

θについてもし事前情報があるなら，たとえ共役な事前分布ではなくても，過去の知識を現在に活かすという観点から，事前分布を与えてベイズ推定するのがよいでしょう．それが B のケースです．

パラメータについて事前の知識がほとんどなく，パラメータがどの辺の値をとるかあやふやな場合は，無情報とか無情報に近いあいまいな事前分布を与えます．

パラメータが確率のときは一様分布が無情報な事前分布の 1 つの候補です．また分散が大きな正規分布を使うこともあります．この 2 つの分布についてはすぐ後で説明します．それらがケース C です．さらに確率分布ではないが，適当にひらべったい関数を選ぶことも考えられます．この場合は，パラメータに関して積分しても 1 にはなりません．ですから**変則事前分布**（improper prior distribution）か非正則事前分布と呼ばれます．事前分布は確率分布ではないのでベイズの定理から逸脱しています．けれども事後分布の推定に実質的な悪影響は及ぼさないだろうというのがケース D です．

さて，ケース A では事後分布が理論的に導けますので，シミュレーションをする必要はありません．このケースについては次の 5 章で解説します．

問題はケース B からケース D までの場合に，どうやって事後分布を推定したらよいのか？ということになります．この問題については様々なアプローチがありますが，本書では要するに MCMC を使いましょう，という対応で一くくりにしようと思います．MCMC については 6 章で紹介します．

■ 一様分布と正規分布

もしパラメータ θ について事前情報が何もなければ，密度関数の値を一定にすることで，何も分からないという情報を表現する方法があります．それが一様分布です．たとえば確率 θ についての事前情報が何もなければ，図 4.10 の上のグラフのように $f(\theta)=1$, $0 \leq \theta \leq 1$ とすればよいでしょう．この分布の積分が 1 になることは，長方形の面積が横×高さ＝1 から明らかです．定義域の中で非負かつ定積分が 1 なので，一様分布は確率分布の条件を満たします．

図 4.10 の下のグラフは，分散がとても大きな正規分布です．左右が -3 と 3 の区間までで表示が切れていますが，それは図に書ききれないからであって，本当は無限に関数が続いているのです．

68   第4章 事前分布を組み入れた推定

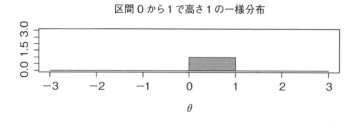

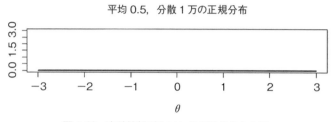

図 4.10 事前情報がないときの事前分布の例

図 4.10 の 2 つの分布はどちらも平均値は 0.5 で一致していますが，パラメータの値として他の値より 0.5 が確からしいというつもりではありません．要するに何だかわからないという事前情報を表しているのです．

■ **事前分布を定数にした時の疑問**

パラメータ θ の定義域が $-\infty<\theta<\infty$ だとして $f(\theta)=c$，$c>0$ の任意の定数だとしますと，この事前分布の積分は 1 になりませんから変則な事前分布といえます．正則だろうが変則だろうがベイズ推定ができればそれでいいじゃないかと思われるかもしれません．しかし 1 つの疑問がでてきます．このケースに合わせて (4.1) 式のベイズの定理を書き直しますと

$$f(\theta|D)=kf(D|\theta)c\propto f(D|\theta) \qquad (4.6)$$

つまり事後分布のカーネルは尤度関数そのものであって，事前分布は全く影響しない，ということを意味するのです．そうだとしたらわざわざベイズ統計を持ち出す価値などあるのでしょうか？目の前の分析データから尤度関数を作っておしまいなら，それは尤度関数のモードを推定する最尤法と五十歩百歩だと思いませんか？

この素朴な疑問はもっともです．分析前にパラメータについての情報が一切

なければ，分析データだけからしかモノは言えません．けれども，それは当該テーマについて生まれて初めて分析した初回だけの話です．一度でも分析経験があれば，パラメータについての情報が獲得できます．その情報を第2回目の分析の際に，事前分布に反映させればベイズ統計の意味が出てくるのです．こうして分析を繰り返しつつパラメータについての知識を増やしていけばよいのです．パラメータの更新については次の5章でお話しします．

◆**シミュレーションデータの発生法**◆

ベイズ統計や数値シミュレーションの本ではしばしば人工的にデータを発生させています．その具体例を見てみましょう．相関係数 r を持つ2次元正規分布 $f(x,y)$ を目標にして6章で述べる**ギブスサンプリング**を使います．

適当な初期値から出発して一方の変数を条件づけてもう一方を抽出し，次に抽出された変数を条件づけてもう一方を抽出する，というステップを交互に反復します．2つの正規分布は次のような平均 μ と分散 σ^2 に従うとしましょう．

$$X \sim N(\mu_1, \sigma_1^2), \quad Y \sim N(\mu_2, \sigma_2^2)$$

X と Y の相関係数を r とします．X の実現値 x を与えたとき，確率変数 Y の条件付分布は正規分布に従って，その平均値は $E(Y|x) = \mu_2 + r\dfrac{\sigma_2}{\sigma_1}(x-\mu_1)$ になることが知られています．この右辺は X の値で Y を予測するときの回帰方程式と同じです．また Y の条件付分散は，$\text{var}(Y|x) = (1-r^2)\sigma_2^2$ と，確率変数 X の値にかかわらず一定です．

偏差値ふうに $\mu_1 = \mu_2 = 50$，$\sigma_1 = \sigma_2 = 10$ とし $r = 0.8$ と指定してデータを発生させてみましょう．ここで利用する Excel 関数は NORMINV(rand(), 平均値, 標準偏差)という正規乱数を発生させる関数です．

① X の初期値は何でもいいので，たとえば 60 とおく
② x で条件つけた Y の密度関数の平均値は $50 + 0.8 \cdot \dfrac{10}{10} \cdot (x-50) = 0.8x + 10$
　同じく分散は $(1-0.8^2) \cdot 100 = 36$ なので $N(0.8x+10, 36)$ からデータ y を1つ発生させる
③ その y で条件づけた $N(0.8y+10, 36)$ からデータ x を1つ発生させる
　この②③のプロセスを反復すれば終わりです．早速 Excel のシートで実行してみましょう．Excel 関数では分散の平方根を指定します．

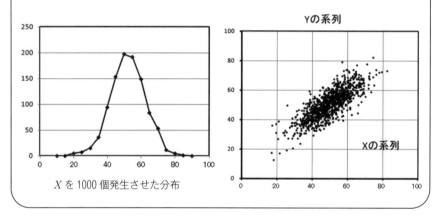

C2 のセルには関数　=NORMINV(RAND(),0.8*B2 + 10,6),
B3 のセルには関数　=NORMINV(RAND(),0.8*C2 + 10,6),
C3 のセルには関数　=NORMINV(RAND(),0.8*B3 + 10,6)
を入力して，その先は3行目を繰り返したい数だけ下にコピーします．

　以上のステップを1000回繰り返してXの度数分布を描くと下図のように正規分布らしく見えます．Yのグラフも同様です．またXとYを組み合わせてプロットすると，近似的な2次元正規分布の散布図が描けます．

X を1000個発生させた分布

第5章

ノームを手軽に更新

　ノームというのは意思決定のための規範や基準を指すビジネス用語です．これくらいの水準なら見込めるだろうとか，この水準はクリアすべきだという経験則を表したものです．ベイズ統計の文脈で言えば，ノームとは事前の知識を意味します．

　企業では新製品を上市[1]するか中止するかを社内ノームにもとづいて意思決定することがあります．またロングライフ商品についてもノームにもとづいて改廃を決めたりします．同じようにサービス市場に関しても，何らかのノームがあれば判断するのに便利です．もちろん過去のノームがいつまでも通用するとは限りません．市場環境が変化すれば更新すべきですし，さほどの変動がなければノームを変えることはありません．

　4章では消費者の反応が2項分布に従う事例を紹介しましたので，本章ではポアソン分布の事例をとりあげます．
  ・データが複数ある場合の尤度関数の構成法
  ・ポアソン分布の共役事前分布
  ・データ量とノーム更新の関係
以上のポイントを述べた上で，最後に共役な事前分布を利用したベイズ更新について整理します．

---

1) 上市とは市場投入のことを指します．新製品発売と同じ意味です．

5.1 めでたい結婚式

少子化に加えて,最近は結婚しても結婚式や披露宴を挙げないこともあるため,結婚式に招待される機会が少なくなりました.招かれる側からすれば,発生が珍しいだけでなく発生頻度の上限が決まっていません.このような現象を表す確率モデルにポアソン分布[2]があります.

表5.1は1年間に結婚式に招待された回数を調査した興味深いデータです.結婚式場としては会場の使用頻度なら分かりますが,招待されるお客様が,個人単位でどれくらいの頻度で結婚式に出席しているのかは統計をとりづらいものです.ブライダル・マーケットは式場の使用料だけでなく,招待客にとってもフォーマルドレスの購入,アクセサリーや靴の購入,美容院代,結婚祝いなどで少なからぬ費用が発生します.結婚式は消費のビッグイベントだといってよいでしょう.

さて,表5.1から年間の招待回数は平均0.383回で,分散は0.926であることが分かります.回答者数を$N=1000$,招待回数の合計を$T=383$と書くこと

表5.1 1年間の結婚式招待回数

回数	度数	%
0	769	76.9
1	153	15.3
2	48	4.8
3	14	1.4
4	5	0.5
5	6	0.6
6	2	0.2
10	3	0.3
合計	1000	100.0

〔出所〕日本リサーチセンター自主調査[3]

---

2) 4章でとりあげた2項分布の場合は発生頻度の上限が決まっていました.
3) 全国20～69歳男女1000人を対象に,2015年4月17日～20日にWeb調査で実施.

にしましょう．T の計算式は $T=1\times153+2\times48+\cdots\cdots+10\times3=383$ です．

■ ポアソン分布

まずは 1 人の人が 1 年間に何回結婚式に招待されるか，という発生頻度 X の確率モデルにポアソン分布が使えるかどうかを検討しましょう．ポアソン分布はパラメータが θ だけという，とても単純なモデルです．ポアソン分布の確率分布[4]は（5.1）式の通りです．

$$f(x|\theta) = \frac{\theta^x e^{-\theta}}{x!} \qquad (5.1)$$

ここで確率変数である X は招待回数で $X=0, 1, 2, \cdots$ と変化して理論的な上限はありません．結婚式の招待状はそれぞれが勝手に到着するので上限を定めたくても定められません．

表 5.1 のパーセントの分布と，ポアソン分布の理論的な確率分布を比べてみましょう．ポアソン分布のパラメータは表 5.1 に準じて $\theta=0.383$ にします．

表 5.2 が Excel を使った計算シートです．Excel シートの C4 のセルには

=$B$2^A4*EXP(1)^(-$B$2)/FACT(A4)

表 5.2 結婚式招待回数のポアソン分布

回数	調査データ	ポアソン分布の理論値	エクセル関数
0	0.769	0.68181	0.68181
1	0.153	0.26113	0.26113
2	0.048	0.05001	0.05001
3	0.014	0.00638	0.00638
4	0.005	0.00061	0.00061
5	0.006	0.00005	0.00005
6	0.002	0.00000	0.00000
7	0	0.00000	0.00000
8	0	0.00000	0.00000
9	0	0.00000	0.00000
10	0.003	0.00000	0.00000

（平均 $\theta=$ 0.383）

---

[4] ポアソン分布のパラメータは慣用として λ を使うのですが，パラメータの記号を変えると混乱しますので，本章では θ を使います．

という関数を書き込みます．ここで $B$2 は平均値の 0.383 を絶対参照していますが，絶対参照の代わりにここに 0.383 と書いても構いません．表 5.2 でグレーをつけた A4 は相対参照しています．また FACT は階乗を求める関数です．(5.1) 式と見比べながら，どこがどのように Excel の関数に書き換わったのかを自分で確認するとよいでしょう．関数の入力が済んだら C4 のセルを C14 までコピーすればポアソン分布の理論値が求められます．

なお関数記述の中の EXP(1) が何を意味するのか分かりづらいのですが，Excel の適当なセルに =EXP(1) と入力してみると 2.718282 と値を返してくるので，これは (5.1) 式の e のことだということが分かります．e はネイピア数という名前の無理数で，自然対数の底に用いられる定数です．EXP(1) を一般化した EXP(n) は e^n，つまり e の n 乗を意味します．

なお統計学の本では e のべき乗が複雑な数式になると，しばしば exp (数式) という表記をします．これは数式を読みやすくするための工夫ですので本書でも採用します．

表 5.2 の Excel シートの「エクセル関数」の欄については，D4 のセルに
=POISSON.DIST(A4,0.383,FALSE)
と入力して D14 までコピーして計算結果を得ています．Excel の統計関数の指定には，下記のダイアログボックスを利用すると便利です．この統計関数を使っても理論値と同じ出力が得られます．ここでは，どちらを利用しても同じであることを確認しただけです．

さて表 5.1 の調査データとポアソン分布の理論値のグラフを一緒に描いたの

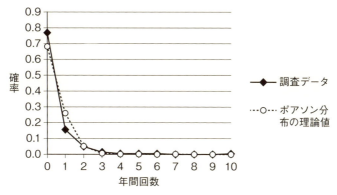

図 5.1 結婚式招待回数のポアソン分布

が図 5.1 です．調査データの％は 100 で割ってプロットしました．両者はだいたい似ています．結婚式の招待回数は，近似的にポアソン分布に従うと考えてよさそうです．

5.2 新しいデータをもとにベイズ推定を行う

■ 複数のデータからなる尤度関数を構成する

　以下は架空のストーリーです．某ブライダル企業が市場機会を探索するために，成人 6 人を集めてグループインタビューをしたとしましょう．グループインタビューというのは，ディスカッションを通じて新しい発見を導くためのマーケティング・リサーチの手法です．図 5.2 のような実施風景になります．

　さて出席者に過去 1 年間の結婚式への招待回数を聞き，その回答を集計したのが表 5.3 です．出席者数は 6 人で結婚式への招待回数はグループ全体で 9 回，したがって平均値は 1.5 回になりました．

　4 章では視聴意向人数という，確率変数の実現値が 1 つだけの場合の尤度関数を紹介しました．その点，本節の例題では出席者によってデータ x の値が異なります．6 人をこみにした尤度関数を求めてみましょう．出席者の反応は互いに独立[5]だと仮定して 6 人の尤度関数の積をとります．(5.2) 式がその結果です．

76　第5章　ノームを手軽に更新

図5.2　グループインタビュー実施風景
〔写真提供：㈱リサーチ・アンド・ディベロプメント〕

表5.3　グループインタビューの回答の分布

招待回数 X	出席者の人数	合計招待回数
0回	1人	0
1回	3人	3
2回	0人	0
3回	2人	6
合計	6人	9

$$f(\boldsymbol{x}|\theta)$$
$$= f(X=0|\theta) \cdot f(X=1|\theta) \cdot f(X=1|\theta) \cdot f(X=1|\theta) \cdot f(X=3|\theta) \cdot f(X=3|\theta)$$
$$= f(X=0|\theta) \cdot f(X=1|\theta)^3 \cdot f(X=3|\theta)^2$$
$$(5.2)$$

（5.2）式の展開後の式では表5.3で同じ回答だった人をまとめて整理しています．$X=2$ の人は誰もいませんから，$X=2$ の項は（5.2）式には現れません．θ が変数ですから，結局（5.2）式はスカラーとしての尤度ではなくパラメータ θ の「関数」であることに注意してください．また（5.2）式左辺の $\boldsymbol{x}$ を太字にしているのは，6人分のデータからなるベクトルだということを強調したかったからです．（5.1）式を（5.2）式に代入しますと尤度関数のカーネルが導かれます．$\propto$ から右の関数がカーネルです．

$$f(\boldsymbol{x}|\theta) = \left(\frac{1}{0!}\theta^0 e^{-\theta}\right) \cdot \left(\frac{1}{1!}\theta^1 e^{-\theta}\right)^3 \cdot \left(\frac{1}{3!}\theta^3 e^{-\theta}\right)^2 \propto \theta^0 \theta^3 \theta^6 e^{-\theta-3\theta-2\theta} = \theta^9 \exp(-6\theta)$$
$$(5.3)$$

---

5)　座談会形式の発言は互いの意見が影響しあいますから，一般的に反応は独立ではありません．しかし本節の事例は事実に関するデータなので反応は独立だと仮定しましょう．

表 5.3 にもとづく尤度関数

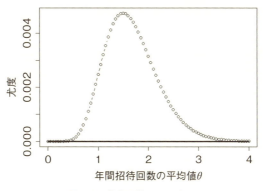

図 5.3 尤度関数のカーネル

ポアソン分布は一見複雑そうに見えますが，パラメータ θ を含まない定数を取り払えばこのように簡単になります．さて (5.3) 式の意味ですが，θ のべき乗が 9 で，exp の指数 $(-\Box\theta)$ の $\Box$ には 6 が入ることから，次のように解釈すれば理解しやすいでしょう．

A) θ のべき乗部分：招待回数の合計が 9 回
B) $\Box$ に入る係数：グループインタビューの出席人数が 6 人

A) と B) の数値は表 5.3 の結果を反映しています．そして A) の値を B) の値で割った 9/6 = 1.5 が 1 年当たりの招待回数の平均値を意味します．

このように，表 5.3 に含まれる情報はすべて (5.3) 式のカーネルに移されているのです．このカーネルをグラフに書いたのが図 5.3 です．平均値の 1.5 回あたりにピークのある山になっています．

■ 交換可能ということ

ここでは結婚式の事例を，データ数を一般化して整理してみましょう．ポアソン分布 $f(x)$ に従う確率変数 X の n 個の実現値を $x_1, x_2, \cdots, x_i, \cdots, x_n$ とします．そしてそれらの実現値の合計を t とします．そうすると (5.2) 式および尤度関数のカーネルは一般的に (5.4) 式のように書くことができます．

$$f(\boldsymbol{x}|\theta) = \prod_{i=1}^{n} f(x_i|\theta) \propto \theta^t \exp(-n\theta), \qquad \text{ただし } t = \sum_{i=1}^{n} x_i \qquad (5.4)$$

なぜこんなにシンプルになるかといいますと，確率変数が独立で同一の分布に従っているために尤度関数が $L(\theta|x_1, x_2, \cdots) = \prod_{i=1}^{n} f(x_i|\theta)$ と簡単に書けるからです[6]．もし独立同一分布ではなく，人それぞれで関数が $f, g, h, \cdots$ と違っていたらどんな複雑な尤度関数になるかを想像してください．

(5.4) 式のカーネルの部分を見ると，t, n という2つの数値だけでカーネルが決まっていることが分かります．つまり回答の順番をどう並べ替えようが結論は同じだ，ということなのです．グループインタビューの出席者の反応をAさんBさんの順に入力しようが，BさんAさんの順に入力しようが，合計の t さえ同じなら尤度関数も同じだという意味です．このことをデータは交換可能 (exchangeable) だといいます．

(5.2) 式の最右辺の式は $f(X=0|\theta) \cdot f(X=1|\theta)^3 \cdot f(X=3|\theta)^2$ ときちんと配列されていますが，それはグループインタビューの発言を並べ替えて整頓した結果だったわけです[7]．

■ 共役事前分布

ベイズ推定に必要な事前分布は確率変数 X の分布ではなく，「パラメータ θ」の分布でした．ポアソン分布と共役な分布はガンマ分布 $GAM(a, b)$ だということが知られています．共役とは何なのかは後で確認します．まずガンマ分布の確率分布を (5.5) 式に示します．

$$f(\theta|a, b) = k\theta^{a-1}\exp(-b\theta) \propto \theta^{a-1}\exp(-b\theta) \quad (5.5)$$

このガンマ分布の確率変数は 5.1 節の事例では「平均招待回数」の θ でした．平均ですから確率変数は離散値ではなく，$0 \leq \theta < \infty$ という非負の実数をとります．一方ガンマ分布のパラメータは $a>0, b>0$ の2つですが，本節の事例では事前の知識がありますから a, b をデータから決めることができます．

a は発生しやすさの傾向を意味するので表 5.1 から $a=383$．

b はデータが発生するかもしれない機会の数を意味するので，同じく表 5.1 から $b=1000$ になります．

---

6) $\prod$ はパイと呼んで積を次のように定義します．$\prod_{i=1}^{n} x_i = x_1 x_2 \cdots x_n$

7) グループインタビューの発言が交換可能だといっているわけではありません．むしろその逆で，座談会は発言順が全員の発言に影響します．

表 5.1 にもとづくガンマ分布

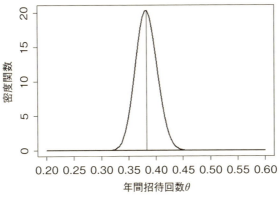

図 5.4 事前分布

より単純に $a=T$（招待回数の合計），$b=N$（回答者数）だと解釈してしまえばスッキリします[8]．

したがって事前分布のカーネルは $\theta^{383-1}\exp(-1000\theta)$ です．2 つのパラメータが定まったので，ガンマ分布の確率分布を描いたのが図 5.4 です．$\theta=0.383$ が平均値なので，そこに縦線を引きました．この分布は狭い範囲でとんがっていますので，図 5.4 の事前分布は，パラメータは $0.32 \leq \theta \leq 0.45$ の範囲にありそうなことを示していることが分かります．

■ R と Excel でガンマ分布の密度関数を描く

R と Excel のどちらを使ってもよいのですが，この 2 つのプログラムは関数の定義が違っているので混乱が起きるはずです．以下，詳しく説明しておきましょう．

R の記法では，ここで述べた $GAM(a, b)$ の密度関数は

```
dgamma(x,shape=383,rate=1000)
```

となります．この引数の意味は 1000 人における合計発生数が 383 だと翻訳すれば理解しやすいでしょう．この確率分布の平均値は次の通りです．

---

[8] パラメータ a は $0<a<1$ の場合にも定義できて，θ とともに減衰しっぱなしの密度関数を表します．ですから a が小さいときは $a=T$ という解釈は正しくありません．

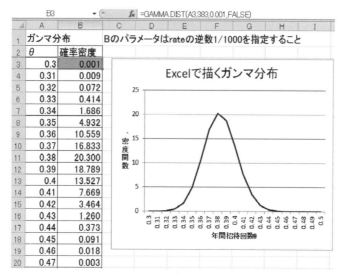

図 5.5 Excel でガンマ分布を描く

$$\frac{a}{b} = \frac{T}{N} = \frac{383}{1000} = 0.383 \tag{5.6}$$

図 5.4 のガンマ分布の密度関数は，次の R コードで描くことができます．

```
##  図5.4を描くRのコード
curve(dgamma(x,shape=383,rate =1000),lwd=2,
    xlim=c(0.2,0.6),lab=c(8,5,3),xlab="年間招待回数 θ",
    ylab="密度関数",main="表5.1にもとづくガンマ分布")
lines(c(0.383,0.383),c(0,20.38),lty=1,lwd=1)   # 平均値の縦線
lines(c(0.20,0.60),c(0,0),lty=1,lwd=2)   # 横座標線
```

一方 Excel 関数を使う場合は図 5.5 の B3 のセルに

=GAMMA.DIST(A3,383,0.001,FALSE)

と関数を指定します．3 番目の引数には rate の逆数である 1/1000 を入力することに注意してください．なぜこうも紛らわしいことになったのかといいますと，ガンマ分布には 2 通りの表し方があるからです．Excel の場合は (5.5) 式の b の部分を $b = \frac{1}{\beta}$ という逆数に置き換えますのでガンマ分布のカーネルは (5.7) 式になります．

$$f^*(\theta|a,\beta) \propto \theta^{a-1}\exp\left(-\frac{\theta}{\beta}\right) \tag{5.7}$$

そして $\beta=\dfrac{1}{N}$ として値を与えた結果を Excel の関数の引数として書きこんでいるのです．(5.7) 式の exp のべき乗の項に，表5.1の数値を代入してみれば

$$\exp\left(-\frac{\theta}{\beta}\right) = \exp\left(-\frac{\theta}{\dfrac{1}{1000}}\right) = \exp(-1000\theta)$$

ですから (5.5) 式にもとづく関数と等しくなります．当然ながら確率分布の平均値も

$$a\beta = T\frac{1}{N} = \frac{383}{1000} = 0.383 \tag{5.8}$$

で (5.6) 式と同じになります．というわけで同一の確率分布に 2 通りの表現があるのです．どちらがより標準的なのかというと，(5.7) 式の方だろうと思います[9]．本節で (5.5) 式の関数を使っているのは，それが正しいからではなく，5.3 節で示すベイズ更新がより理解しやすくなるからです．

■ いよいよ事後分布を導く

ベイズの定理によれば事後分布は尤度関数と事前分布の積に比例します．そこで，ともかく尤度関数と事前分布のカーネルどうしを掛けてみましょう．

$$\theta^t \exp(-n\theta) \cdot \theta^{a-1} \exp(-b\theta) = \theta^{a+t-1} \cdot \exp(-(b+n)\theta)$$

この式と (5.5) 式を見比べると，同じ関数形になっていますから，事後分布は事前分布と同じガンマ分布になることが確認できました．

ガンマ分布 ∝ ポアソン分布にもとづく尤度関数 × ガンマ分布

これがポアソン分布とガンマ分布が共役関係にあるという意味です．ですから，求めていた事後分布は比例定数を k として (5.9) 式になります．T は表5.1の合計招待回数，N は同じく回答者数です．

$$f(\theta|t,n,a,b) = k\theta^{a+t-1}\exp(-(b+n)\theta) \propto \theta^{T+t-1}\exp(-(N+n)\theta) \tag{5.9}$$

本章の事例での事後分布は $GAM(T+t, N+n)$ になるというのが結論です．

---

9) たとえば定評のある蓑谷千凰彦『統計分析ハンドブック（増補版）』（朝倉書店，2010）でも (5.7) 式の表現で解説しています．

82　第5章　ノームを手軽に更新

この事後分布の解釈は次の通りです．

最初のパラメータ $T+t$ は表 5.1 における招待回数の和とグループインタビューでの招待回数の和の合計，383＋9＝392 回．

2番目のパラメータは表 5.1 の回答者数とグループインタビューの出席者の合計，1000＋6＝1006 人．

つまりノームに使った Web 調査と，直近のグループインタビューのデータをプールして合計したのが事後分布のガンマ分布になるというわけです．そこで，事後分布の密度関数を R で表せば，次の通りになります．

```
dgamma(x,shape=392,rate=1006)
```

■ ベイズ更新を確認する

事前分布と尤度関数と事後分布が明らかになりましたので，この3つの関数をグラフに描いたのが図 5.6 です．尤度関数はとても小さくて見づらいので150 倍してグラフ化しています．

さて事前分布は $\theta=0.383$ を平均にしてとんがった分布をしていました．一方尤度関数は平均は 1.5 ですが，とても平べったく広がった分布をしています．この両者の情報をとりまとめたのが事後分布です．その平均値はガンマ分布の性質から次のようになります．

$$\frac{T+t}{N+n}=\frac{392}{1006}=0.392 \tag{5.10}$$

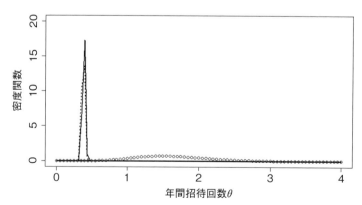

図 5.6　事前分布（点線），事後分布（実線），尤度関数を比較（白丸）

図 5.6 を見ても事後分布は事前分布と比べて，わずかに尤度関数のピークの方向にずれていることが分かります．しかし分布の移動はごくわずかだといってよいでしょう．

5.3　ベイズ更新を考える

この節では時系列的なデータにベイズ更新がどのように応用できそうか，という点について補足するとともに，応用上の注意点をいくつか指摘しましょう．

■ データの規模とノーム更新の関係

本章の事例のように事前の知識のもとになったデータの規模よりも直近のデータが少ない場合は，ベイズ更新をしてもパラメータの確率分布はほとんど変化しませんでした．そういう場合はノームを変えることはない，というのが本事例の結論です．1000 人のデータから得られた統計的なノームを 6 人のグループインタビューによって変更することはない，という常識的な話です．

では直近のデータも表 5.1 と同じ規模だったら，事後分布は足して 2 で割ったものになるのでしょうか？ともかく実際に計算してみましょう．パラメータを整理すると次の通りです．

新しいデータも 1000 人だった場合の事後分布を描いたのが図 5.7 の実線です．

尤度関数は確率分布ではないので面積が 1 になる必要はありませんが，ここでは見やすくするためにガンマ分布を代用して表示しました．図 5.7 に描いたのは，`dgamma(x,shape=1501,rate=1000)`です[10]．

表 5.4　直近のデータも 1000 人だった場合のベイズ更新

	事前分布	尤度関数	事後分布
合計招待回数	383	1500	1883
データ量	1000	1000	2000
確率分布	`dgamma(x, shape=383, rate=1000)`		`dgamma(x, shape=1883, rate=2000)`

---

10)　尤度関数での θ のべきは 1500 乗です．それをガンマ分布で描くとべき乗が 1 減らされるので，ここでは `shape=1501` としました．

第 5 章　ノームを手軽に更新

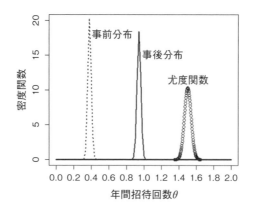

図 5.7　直近のデータも 1000 人だったとき

　事前分布の平均値は 0.383 で尤度関数の平均値は 1.5，この 2 つの平均は 0.9415 で，これは事後分布の理論的な平均値 1883/2000＝0.9415 と一致します．まさに足して 2 で割った結果になりました．
　結論として既存のノルムを更新するかしないかは，新しい証拠が十分あるかどうかで決まる，ということです．その反対に新しいデータが十分にある一方で，事前の知識はわずかしかなければ，事後分布は新しいデータだけでほぼ決まってしまいます．もしそういう状況なら，ベイズ推定をする必要性はあまりないといってよいでしょう．

■　共役事前分布だとなぜ都合がいいのか

　本章では尤度関数と相性のいい共役事前分布を $f(\theta)$ に選びました．その結果，事後分布は事前分布と同じ確率分布になりました．おかげで同じ仕組みでベイズ更新を次々と反復することができます．もし企業内で定型的なパターンで継続的に蓄積しているデータがある場合は，共役事前分布を選ぶことは有力な選択肢になるでしょう．
　表 5.5 に共役事前分布を使った事後分布を整理しました．とりあげたのは，ビジネス上関心のある変数が 2 項分布，ポアソン分布，正規分布に従うというケースです．

5.3 ベイズ更新を考える

【2項分布】

購入率や視聴率，シェアのような比率データの場合に利用できます．個々の消費者の反応は Yes か No かの2通りしかなく，データは独立同一分布で発生するものと仮定します．このことは消費者が相談しながら反応したら駄目だということ，しかも Yes という反応が出現する確率はどの消費者も同一だ，ということを意味します．このような条件で n 人の消費者を調べて Yes だった人数がどう分布するか，という確率分布が2項分布です．

【ポアソン分布】

ごくまれに起きる独立同一分布に従う確率現象のモデルとして使うことができます．たとえば，ある時計の修理店に来店する客数をごく短い単位時間，たとえば1分単位で繰り返し観察すれば，0人という記録が 0, 0, 0, ……と続くでしょう．しかし，偶然が重なってある1分間に大勢の客が来店することがないとは言えません．来店客数の理論的な上限は定まっていません．美容院や宝石店の来店客も単位時間を短く設定して観察すればポアソン分布があてはまるかもしれません．

【正規分布】

富士山のような対称形で分布する実数の値を確率変数にした分布です．たとえば，量り売りで肉を買うときは，実際に販売できた肉の重量は連続型のデータであり，厳密にいえば注文した目方を中心にしながらも誤差をもって散らばるでしょう．200 g などと表示するのは便宜上そう表示しているにすぎません[11]．

正規分布には平均と分散という2つのパラメータがあります．しかし，ビジネスで関心があるのは分散よりも平均の方だということが多いでしょう．表5.5 の正規分布では関心のあるパラメータが平均の場合のベイズ推定を示しました．

表 5.5 の2項分布の欄を見ると現在が2項分布，過去と未来がベータ分布という流れで一巡しています．この流れで肝心なことは，尤度関数と事前分布のカーネルが同じ形式の関数であるために，両者を掛けても同じ形の事後分布が導かれることです[12]．表 5.5 の範囲で事後平均や事後モードを求めるのであ

---

11) シェイクスピアのユダヤの商人という小説に，ちょうど1ポンドより多くも少なくも肉を切り取ってはならぬ，という無理難題の話が出てきます．
12) ベータ分布族に含まれる確率分布，という言い方をします．

表 5.5 尤度関数とその事前・事後分布,そしてパラメータの解釈

直近のデータが n 個のときの尤度関数 $f(x\|\theta)$	パラメータ θ の意味	θ の事前分布	事前分布のパラメータの解釈	事後分布	事後平均	事後モード
2項分布 $\binom{n}{x}\theta^x(1-\theta)^{n-x}$ ($x=0,1,2,\cdots$)	$0\leq\theta\leq1$ 購入確率,視聴率,シェアなど	ベータ分布 $Beta(a,b)$	a が購入者数+1 b が非購入者数+1	$Beta(a+x,b+n-x)$ $n-x$ は直近の非購入者数	$\dfrac{a+x}{a+b+n}$ プールした全体に占める購入者数	$\dfrac{a+x-1}{a+b+n-2}$
ポアソン分布 $\dfrac{1}{x!}\theta^x\exp(-n\theta)$ ($x=0,1,2,\cdots$)	$\theta>0$ 発生件数 X の合計が t,発生平均値が θ	ガンマ分布 $GAM(a,b)$	a は発生件数の総合計 T b はユーザー数や観測機会数 N	$GAM(T+t,N+n)$	$\dfrac{T+t}{N+n}$ プールしたユーザー全体で何回発生したか	$\dfrac{T+t}{(N+n)^2}$
正規分布 $(2\pi\sigma^2)^{-\frac{n}{2}}\exp\left\{-\dfrac{n}{2\sigma^2}(\bar{x}-\theta)^2\right\}$ ($-\infty<x<\infty$) X の分散 σ^2 が既知の場合	$-\infty<\theta<\infty$ 連続変数 X の平均値 θ X は消費量,金利,暦年,気温など $\bar{x}$ は標本平均	平均 μ_0 分散 σ_0^2 の正規分布	μ_0 は確率変数 θ の平均値 σ_0 は同じく θ の分散(X の分散ではないことに注意)	θ の事後分布も正規分布になる	$\dfrac{\dfrac{n}{\sigma^2}\bar{x}+\dfrac{1}{\sigma_0^2}\mu_0}{\dfrac{n}{\sigma^2}+\dfrac{1}{\sigma_0^2}}$	同左

注:正規分布で μ と σ に付けた添字 0 は事前分布のパラメータであることを示すための添字です.添字が無いのは直近のデータです.

れば，積分の計算も不要だしモンテカルロ・シミュレーションも必要ありません．表5.5の右欄に，すでに答えが出ているからです．ですから，この先は電卓ないし紙と鉛筆で簡単に計算が実行できます．

■ **比率の時系列データを平滑化する**

次に時系列データにベイズ更新を適用することで，時系列的な安定性が得られることを見てみましょう．企業は同一フレームで繰り返して調査する定点観測の調査をすることがあります．しかしデータをプロットすると，時系列の折れ線がジグザグに振れ動くことがしばしばです．

図5.8はある企業が毎年消費者1500人を対象に定点観測の調査をして時系列変動をモニターした結果だとしましょう．これは架空のデータです．

企業にとって関心のある消費者行動の観測比率が2000年には50%だったのに，11年後の2010年には20%に低下したという変動をグラフで描いています．

大きなトレンドとしては，この消費者行動は年々低下しているという結論でよいのですが，サンプリング誤差の影響で観測比率がぶれ動くことはやむをえません．図5.8の点線を見ると観測比率は時には反転上昇しながらもジグザグと低下していることが分かります．

ここで前年の事後分布を今年の事前分布として，それに今年の調査結果を加

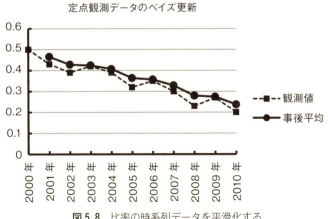

図5.8 比率の時系列データを平滑化する

味して事後分布を求めるにはどうすればよいでしょうか．それには表5.5の2項分布の欄が利用できます．

比率のベイズ更新をすることで前回と今回の折衷が明示的に行われます．ベイズ更新で事後平均を求めたのが実線ですが，観測値よりも滑らかなカーブを描いています．企業が長期的に定点観測するデータは，いわば企業のノームになりますから，あまり激しく上下しない方が，長期計画に関する紛糾や部門間の軋轢を緩和することにつながるかもしれません．

図5.8の計算にはExcelを使いました．表5.6の上段の通り，尤度を求める確率分布としては2項分布を，また事前・事後分布にはベータ分布を使っています．繰り返し計算をしているだけなので，Excelシートの最初の4行分だけを表5.6に示しました．残りは関数をコピーするだけです．また最初の2000年の事後平均が図5.8に描かれていないのは，2000年の先行調査のデータがないからです．

表5.6のF3のセルには事後平均が=(D2+C3)/(D2+E2+1500)という関数で計算されています．1500というのはデータ数のnを示しています[13]．また逐次的なベイズ更新らしい指定がD3のセルの=F3*1500です．事後平均にもとづくYesの人数ですが，それが次回調査では事前分布のパラメータaとして使われるため，事前「はい」の人数と書いているのです．E4のセルは同様に=(1-F3)*1500です．このようにシートのD列とE列でベータ分布の2つのパラメータを更新しているのです．

表5.6 時系列データのベイズ更新の計算法

	A	B	C	D	E	F
1	調査年	観測確率	2項分布の x	事前「はい」人数 a	事前「いいえ」人数 b	事後平均
2	2000年	0.5	750	750	750	
3	2001年	0.43	645	697.5	802.5	0.465
4	2002年	0.39	585	641.25	858.75	0.4275
5	2003年	0.42	630	635.625	864.375	0.42375

F3セル: f_x =(D2+C3)/(D2+E2+1500)

---

13) データ数を1500に固定せずに参照させることにすれば，年によってデータ数が変動しても計算できます．

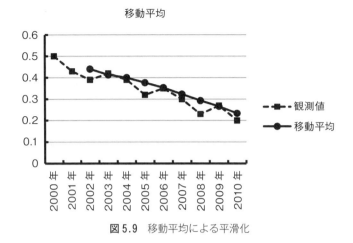

図 5.9 移動平均による平滑化

時系列データを平滑化する方法は他にもいろいろあります．図 5.9 は図 5.8 と同じ観測比率を移動平均で平滑化した結果です．ほぼ直線的に比率が下がっています．過去 2 年と直近の 3 年分で平均をとる計算法を使いましたので，2000 年と 2001 年は平滑化したデータは得られていません．ベイズ更新と移動平均は計算のロジックが違うわけですが，調査年によって調査データ数が変動するとしたら，ベイズ更新であればデータ数の違いが反映できるという利点があります．

■ ベイズ更新でのデータ数の決め方

時系列の例のように事後平均を次回の更新時の事前分布として使う，という基本方針はよいのですが，このサイクルを繰り返すと，事後分布のデータ量が累積的に追加されていきますので，過去の知識のウェイトが次第に増加していきます．すると新しいデータが発生しても，事後分布がほとんど動かなくなる，つまり感度が悪くなるという弊害が起きるでしょう．

では分析者はデータ数をどう指定すればよいのでしょうか．社内ノームは，ほぼ一定のデータ数で評価することを前提にして作られることが普通ですから，データ数を固定して次回の事前分布に使うという方針が考えられます．たとえば $N=1500$ を固定するという方法です．

事前分布の指定に関するこのような恣意性について，分析者は十分に自覚し

なければなりません．事前分布の活用はベイズ統計の有用性を生む源泉ですが，一方でアキレス腱にもなりうることに気をつけなければなりません．

■ 分かるのは事後平均だけか

表5.5には事後平均と事後モードしか書かれていない点に不満を持たれた方もいるかもしれません．パラメータの信用区間はどうなるのか，とか2つのパラメータの大小比較はできるのか？などの疑問がわくでしょう．

いったん事後分布が分かってしまえば，それからどういう情報を導くかについてベイズ統計はとても柔軟です．パラメータがどのような範囲に入りそうかを推定することはもちろん，事後分布の標準偏差を求めて，パラメータの標準誤差にあたる量を評価することもできます．パラメータの代表値として最尤法のようにモードを使うこともできます．最尤法[14]とベイズ推定の違いが分からなくて混乱する人もいるかもしれません．ベイズ推定の長所は最尤法のようにモードを1点で推定するだけではなく「事後分布からより深い情報を引き出す」ことなのです．

■ 5.1節で仮定したポアソン分布は妥当なのか

世の中の現象で，理論的な確率分布とぴたりと適合する現象はむしろ稀だと思います．5.1節では結婚式の招待の発生にポアソン分布を仮定しましたが，表5.1のデータとポアソン分布にはずれがありました．図5.1を眺めても若干の乖離があることが分かります．また理論的には，ポアソン分布の平均と分散は一致しなければなりません．

一方で表5.1のデータでは平均0.383回で，分散は0.926でしたので，理論とは違って平均より分散が大きな値をとっています．このことを**過分散**（over dispersion）といいます．

なぜ過分散が生じるかというと，そもそもマーケットが均質ではないという問題が指摘できます．市場には異なるθを持った異質なセグメントが存在するという意味です．簡単にいえば，頻繁に結婚式に呼ばれる人たちと，そうではない人たちがいるでしょう．そういう異質の人たちをまとめて分析したので，

---

[14] ベイズ推定では事前分布の利用を前提としていますが，最尤法はそういう前提はありません．ですから両者は異なる方法だと考えて結構です．

θ の分散が大きくなったのだ，という解釈が可能です．確率変数は iid（独立同一分布）には従わない，といっても構いませんし，マーケティングらしい言い方をすれば，消費者は個人間に異質性がある，ともいえます．

　すると，すべての個人に同一のパラメータを与えるのではなく，セグメントあるいは個人によって違ったパラメータを推定する必要性がでてきます．パラメータの数が格段に増えてもベイズ推定はできるのでしょうか？この問題は7章で扱います．

◆**学習サイクルについて**◆

　表5.5では共役の事前分布から事後分布を導くことができました．それに続いて事前⇒事後の役割を下図ようにサイクリックに交換できたらどうでしょうか．つまり，ある1回の推定から得られた事後分布を，次の推定では事前分布として利用するという意味です．このような「因果はめぐる」という思想は古くからあるものです[1]．

　そのためには事前分布に多少の仮定を設けなければなりません．ですからいつでも問題なくできるとは限らないのですが，上手くサイクルが回せれば，パラメータに関する知識を循環的に更新することができます．これは新しいデータが入手される都度，学習が深まっていくという意味です．

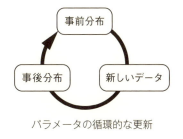

パラメータの循環的な更新

---

1) たとえばラプラス『確率の哲学的試論』岩波文庫（1997年）の10ページに「宇宙の現在の状態はそれに先立つ状態の結果であり，それ以降の状態の原因であると考えなければならない」という記述があります．

第6章

MCMCで事後分布を推定

　この章では，数値計算の手法であるマルコフ連鎖モンテカルロ（MCMC）法の概略について説明をします．ベイズ統計学を実務で使う場合に，マルコフ連鎖モンテカルロ法もしくは関連した乱数を使ったシミュレーション手法は必須になります．この取扱いに慣れるようにしておくと，ベイズ統計学の利用価値が大きく高まります．この章ではベイズ統計学への応用例を紹介しながらその方法論を説明します．

　マルコフ連鎖モンテカルロ法とは，その名の通り「マルコフ連鎖」と「モンテカルロ法」という2つの手法から成り立っています．この章ではその2つの方法と，重要な概念である詳細釣り合い条件，そしてマルコフ連鎖モンテカルロ法について説明をします．

　なおこれらの方法は確率論に立脚しているものであり，その厳密な理解にはたくさんの数式の理解が必要になります．しかしここでは詳細は省いてなるべく簡潔に，また実際にはコンピューターで計算するものなので，コンピューターによる数値例を出しながら説明することにします．

6.1　モンテカルロ法

　モンテカルロ法とは，乱数を使って数値計算を行う手法です．これによって複雑な計算の近似解を求めることができます．最初に推測統計の問題ではなく，パラメータが既知の確率モデルとして次の問題を考えてみましょう．店舗が4つあり，1日のある製品の売上量が表6.1のようなパラメータを持つ正規分布に従っているとします[1]．

表6.1 売上量の分布パラメータ

	平均 μ	標準偏差 σ
店舗A	100	20
店舗B	120	20
店舗C	110	15
店舗D	100	10

表6.1を見ると店舗Bの平均的な売上量が一番大きいのですが，それではある日において店舗Bの売上量が最も大きい確率はどれくらいでしょうか．日によって他の店舗の売上が上回ることもあるでしょう．そこで正規分布からデータを発生させ，その数の割合を計算してみます．このように計算をする際にシミュレーション・データを発生させて集計を行い解の近似値を求める方法を**モンテカルロ法**といいます．

実際にExcelでやってみましょう（図6.1）．まず，セルB11に店舗Aの売上量を乱数で発生させます．平均100，標準偏差20の正規分布の乱数を発生させるには，セルに=NORMINV(RAND(),100,20)と打ち込みます．店舗Bの場合は=NORMINV(RAND(),120,20)，店舗Cの場合は=NORMINV(RAND(),110,15)，店舗Dの場合は=NORMINV(RAND(),100,10)とします．すると店舗Aは127，店舗Bは124，店舗Cは109，店舗Dは100というように正規分布に従った乱数を発生させることができます．この場合は店舗Aの売上が（たまたま）大きい結果になりました．この値は乱数発生ごとに変化します．それを何回も何回も繰り返してみます．ここでは1000回繰り返します．

この例では店舗Bが一番大きい確率が54%になりました．これを問題の近似解とするのがモンテカルロ法のアイディアです．

モンテカルロ法は，大数の法則という確率論の定理によって，発生させる乱数の数が多いほど精度が良くなります．コンピューターの発展に伴い大量の乱数を発生させることは現在では容易になりましたが，乱数の特性上，すこし数値のブレがでてきますので毎回同じ値にならない可能性があります．

この手法は，現実的な問題を解く際に様々な場面で使われています．しかし多くの方々にとっては馴染みの無い手法だと思います．一般的に「数学の解を

---

1) ここでは店舗間で独立を仮定しています．すなわち店舗 i の売上量が多い場合に店舗 j の売上量が多くなるという関連性はありません．

図6.1 Excelによるモンテカルロ法

	A	B	C	D	E	F
1	売上量のモンテカルロ法					
2		店舗A	店舗B	店舗C	店舗D	
3	平均 μ	100	120	110	100	
4	標準偏差 σ	20	20	15	10	
5						
6		店舗A	店舗B	店舗C	店舗D	
7	売上が一番になった回数	130	542	279	49	
8	割合	13.0%	54.2%	27.9%	4.9%	
9						
10	試行(1000回)	店舗A	店舗B	店舗C	店舗D	売上が一番大きい店舗
11	1	127	124	109	100	店舗A
12	2	88	139	100	95	店舗B
13	3	96	91	118	106	店舗C
14	4	75	105	86	86	店舗B
15						
1005			略			
1006						
1007	997	80	78	112	101	店舗C
1008	998	93	124	98	97	店舗B
1009	999	102	91	103	99	店舗C
1010	1000	89	118	115	90	店舗B
1011						

求める」というと紙の上で数式を変形させてエレガントに誰もが完璧に同じになるような正確な答えを求めるという学校教育を受けてきた我々からすると，モンテカルロ法はあくまでも近似解でありコンピューターを使うので，どこか「亜流」と感じるかもしれません．しかし誰もが高性能のコンピューターを簡単に扱える現在では，コンピューターを使って近似解を解く方が合理的で実務的と言えるかもしれません．

■ ベイズ統計学への応用例：視聴率の比較

さてここでベイズ統計学への応用を考えます．ここで述べる手法はまだ「マルコフ連鎖」を使わないモンテカルロ法の応用ですが，ベイズ統計学の理論的な実用性を理解するうえで役に立つと思います．次のような推測統計の問題を考えてみましょう．

6.1 モンテカルロ法

「ある番組の 3 月の視聴率は 30％でした．2 月の視聴率は 28％，1 月の視聴率は 26％でした．サンプル・サイズは 600 として，3 回の視聴率が次第に高まっている確率はどれくらいでしょうか？」

ここで「視聴率」という言葉が標本の視聴率の意味か母集団の視聴率の意味か曖昧に使われているので，次のように書き換えます．

「ある番組の"標本の"視聴率は 180/600=30％でした．前回の"標本の"視聴率は 168/600=28％，前々回の"標本の"視聴率は 156/600=26％でした．この中で"母集団の"視聴率が次第に高まっている確率はどれくらいでしょうか？」

ここで推定する母集団の 1 月の視聴率を θ_1，2 月の視聴率を θ_2，3 月の視聴率を θ_3 とします．すると先ほどの視聴率が次第に高まっているという仮説は $\theta_3 > \theta_2 > \theta_1$ と考えることができます．そしてその仮説が正しいという確率とは，ベイズ流にデータが得られたもとで，$P(\theta_3 > \theta_2 > \theta_1 | D)$ と表すことができます．

ちなみにこの確率は，従来的な統計学では計算できません．なぜならば通常の統計学では，パラメータを定数として扱うため，パラメータを確率変数としている $P(\theta_3 > \theta_2 > \theta_1 | D)$ のような計算を行うこと自体ができないからです．従来的な統計学では，仮説の検証には**統計的検定**という手法を使うことが多いのですが，その手法ではこのような検証はできません[2]．

さてこれをモンテカルロ法によって解決することを考えましょう．上記の $P(\theta_3 > \theta_2 > \theta_1 | D)$ を求めてみましょう．具体的な手順は，次のようになります．

- 事後分布 $f(\theta_j | D)$ の計算をする
- 事後分布 $f(\theta_j | D)$ から θ_j の乱数をたくさん発生させる
- どれくらいの頻度で仮説 $\theta_3 > \theta_2 > \theta_1$ が出現するかを数えて，その割合を計算する

---

[2] 2016 年 3 月に世界的な統計学の団体であるアメリカ統計学会（ASA）が，従来の統計的検定に使われる概念（p 値）に否定的な声明を出しました．今後ますます，ベイズ統計学による仮説検定が重要になるはずです．

第6章 MCMCで事後分布を推定

	A	B	C	D	E	F	G	H	I
1	視聴率の比較モンテカルロ法								
2			$\theta 1$	$\theta 2$	$\theta 3$				Pr($\theta 3 > \theta 2 > \theta 1$)
3	事後分布	a+x	157	169	181				57.2%
4	ベータ分布	b+n-x	445	433	421				
5									
6				乱数			順位		仮説(真=1, 偽=0)
7		試行(1000回)	$\theta 1$	$\theta 2$	$\theta 3$	1番大きい	2番目に大きい	3番目に大きい	$\theta 3 > \theta 2 > \theta 1$
8		1	0.242	0.281	0.290	3	2	1	1
9		2	0.262	0.263	0.292	3	2	1	1
10		3	0.243	0.301	0.307	3	2	1	1
11		4	0.258	0.283	0.289				
12						略			
1002									
1003									
1004		997	0.234	0.305	0.305	3	2	1	0
1005		998	0.267	0.282	0.293	3	2	1	1
1006		999	0.283	0.292	0.278	2	1	3	0
1007		1000	0.233	0.309	0.298	2	3	1	0
1008									

図6.2 視聴率の比較

4章にあるように, 2項分布のパラメータ θ_j の事前分布にベータ分布を使えば, 事後分布はベータ分布になりました. 事前分布は前々回, 前回, 今回のすべてにフラットな分布である $\theta_j \sim Beta(1,1)$ を設定します. すると事後分布は $\theta_1 \sim Beta(157, 445)$, $\theta_2 \sim Beta(169, 433)$, $\theta_3 \sim Beta(181, 421)$ となります. これを Excel でやってみましょう. まずはこの分布から乱数を発生させます. θ_1 の場合はセル C8 に =BETA.INV(RAND(),157,445) と打ち込みます. また θ_2 の場合は =BETA.INV(RAND(),169,433), θ_3 の場合は =BETA.INV(RAND(),181,421) と打ち込みます (図6.2).

1回目の試行では $\theta_1 = 0.242$, $\theta_2 = 0.281$, $\theta_3 = 0.290$ となりました. よって $\theta_3 > \theta_2 > \theta_1$ の仮説に合致しています. これを何回も繰り返します. ここでは1000回繰り返しました. 「仮説に合致する回数/試行回数」を計算すれば近似解が求まります. その結果, $P(\theta_3 > \theta_2 > \theta_1 | D) = 57$% となりました. 乱数による推論なので同じように計算をしても少し数値は異なると思います.

次に同様の計算をRで計算してみましょう. Rの場合はセルにわざわざ関数を打ち込まなくても発生する個数を指定してやればたくさんの乱数を発生させることができます. 乱数の数は増やせば増やすほど精度がよくなるので今回は10万回発生させることにします.

```
R <- 100000# 乱数の発生回数の指定
theta1 <- rbeta(R,157,445)#θ1 の乱数発生
theta2 <- rbeta(R,169,433)#θ2 の乱数発生
theta3 <- rbeta(R,181,421)#θ3 の乱数発生
```

その結果を表示すると次のようになりました.

```
mean(theta3>theta2&theta2>theta1)#Pr(θ3>θ2>θ1 | D) の計算
[1] 0.57213
```

先ほどの Excel とほぼ同様な数値の結果になっていることが分かります.このように柔軟な仮説の検定ができるのがベイズ統計学の魅力です.その計算にはモンテカルロ法,つまりは乱数を利用すると簡単に実行することができます.

ここではマルコフ連鎖を**使わない**モンテカルロ法を使ってベイズ統計学の応用例を示しました.しかしマルコフ連鎖を**使う**モンテカルロ法でも,大量の乱数列を使って様々な値(たとえば平均や分散など)を求めるという基本は変わりません.マルコフ連鎖モンテカルロ法では事後分布から乱数を発生させて様々な値を計算します.

ここでの例は,事後分布がベータ分布であるという強い条件がありました.しかしその状況は一般的ではありません.事後分布がよく知られた分布でない場合はコンピューターの組込の関数では乱数の発生ができません.またパラメータが多変量になった場合にはシミュレートすることは非常に困難になります.一気に独立に事後分布からの乱数を発生させることができないので,逐次的に前に発生させた乱数の力を借りて新しい乱数を発生させます.それがマルコフ連鎖モンテカルロ法になります.

6.2 マルコフ連鎖

マルコフ連鎖は,様々な現象の確率モデルとして利用されています.社会科学では,マーケティング,金融や経済学,また自然科学では,物理や気象などの現象のモデルとして幅広く応用されています.ここでは現象のモデルというより,あくまでも計算の技術としてその性質を利用します.そのためにマルコフ連鎖に関する仮定や性質の詳細に関しては,ここでは述べず,マルコフ連鎖

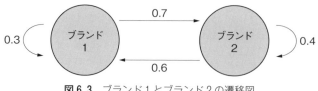

図 6.3 ブランド 1 とブランド 2 の遷移図

モンテカルロ法の理解に必要な部分に絞って説明をします．先に述べると，推移確率と定常確率という概念が重要です．また先ほど説明したモンテカルロ法を計算に利用します．

計算の技術として抽象的に理解するだけでは面白みにかけるので，次のような例を考えてみましょう．T 君は毎日ビールを 1 本飲みます．T 君はブランド 1 とブランド 2 という 2 つのブランドしか飲みません．そして T 君にはある規則があります．それは前日にブランド 1 を飲んだら，次の日にブランド 1 を飲む確率は 0.3，ブランド 2 を飲む確率は 0.7 です．また前日にブランド 2 を飲んだら，次の日にブランド 1 を飲む確率は 0.6，ブランド 2 を飲む確率は 0.4 です．

{ブランド 1 を飲む}，{ブランド 2 を飲む} といった事象を一般的に**状態**と呼びます．ここでは表記として{ブランド 1 を飲む}を 1，{ブランド 2 を飲む}を 2 と便宜上おくことにします．また t 日に飲むものを確率変数として $X^{(t)}$，その前日の $t-1$ 日に飲むものを確率変数として $X^{(t-1)}$ と表記します．たとえば $X^{(t)}=1$ は t 日にブランド 1 を飲むことを示します．すると今述べてきたことを具体的に式で書くと次のようになります[3]．

$$
\begin{aligned}
P(X^{(t)}=1|X^{(t-1)}=1) &= p_{11}=0.3 \\
P(X^{(t)}=2|X^{(t-1)}=1) &= p_{12}=0.7 \\
P(X^{(t)}=1|X^{(t-1)}=2) &= p_{21}=0.6 \\
P(X^{(t)}=2|X^{(t-1)}=2) &= p_{22}=0.4
\end{aligned}
\tag{6.1}
$$

このように，ある前の状態から次の状態へ移る確率を**推移確率**と呼びます．この推移確率を行列形式で表すと次のようになります．

---

3) 状態 i から状態 j に移る確率を p_{ij} としています．条件付き確率 $P(X^{(t)}=j|X^{(t-1)}=i)$ と状態 i から状態 j がでてくる順番が逆になっていることに気をつけてください．

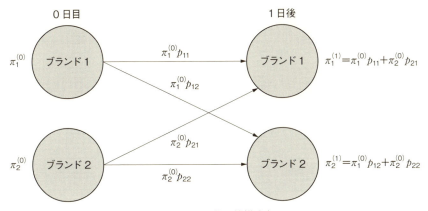

図6.4 1日後の状態確率

$$P = \begin{pmatrix} p_{11} & p_{12} \\ p_{21} & p_{22} \end{pmatrix} = \begin{pmatrix} 0.3 & 0.7 \\ 0.6 & 0.4 \end{pmatrix} \tag{6.2}$$

行の和がそれぞれ1になっています．このように1つ前の状態に応じて，次の状態の確率が変わる推移を示したものを推移行列と呼び，前の状態が次の状態の確率に影響するようなプロセスを**マルコフ連鎖**と呼びます．推移確率は時間が進んでも変化しないと仮定すると[4]，数回先の確率を求めることができます．もし初期の状態確率（0日目）が $\pi^{(0)} = (\pi_1^{(0)}, \pi_2^{(0)})$ である場合[5]，1日後に飲むブランドの状態確率 $\pi^{(1)} = (\pi_1^{(1)}, \pi_2^{(1)})$ は次のように計算することができます（図6.4）．

まず1日後にブランド1を飲む確率は，前日にブランド1を飲んだ場合の確率 $\pi_1^{(0)} p_{11}$ と，前日にブランド2を飲んだ場合の確率 $\pi_2^{(0)} p_{21}$ の和になります．同様に1日後にブランド2を飲む確率は，前日にブランド1を飲んだ場合の確率 $\pi_1^{(0)} p_{12}$ と，前日にブランド2を飲んだ場合の確率 $\pi_2^{(0)} p_{22}$ の和になります．ここで現在の状態を i，次の日の状態を j，全体の状態の数を n（この場合は2個）とすると，次のように書くことができます．

---

[4] 時間が変わっても推移確率が変わらないことを斉次性（せいじせい time homogeneity）と呼びます．
[5] 通常ベクトルは列ベクトルを表しますが，マルコフ連鎖の状態確率を表す場合は慣習的に行ベクトルを使います．

$$\pi_j^{(1)} = \sum_{i=1}^{n} \pi_i^{(0)} p_{ij}, \qquad j=1,\cdots,n \tag{6.3}$$

それを行列形式で記述すると次のようになります．

$$\pi^{(1)} = \pi^{(0)} \boldsymbol{P} \tag{6.4}$$

また同様にして，2日後のブランド選択の状態確率は，次のようになります．

$$\pi^{(2)} = \pi^{(1)} \boldsymbol{P} \tag{6.5}$$

手計算でも求めることができると思いますが，これを行列演算が容易にできるRで計算してみます[6]．初期の状態確率を$\pi^{(0)} = (0.5, 0.5)$として計算してみます．まずは推移行列と初期の状態確率をそれぞれ次のように定義します．

```
# 推移行列の定義（2×2の行列）
P <- matrix(c(0.3,0.7,0.6,0.4),2,2,byrow=T)
# 初期の状態確率の定義（2次の行ベクトル）
pi0 <- t(c(0.5,0.5))
```

そしてベクトルと行列の計算をします．

```
#1日後の計算
(pi1 <- pi0%*%P)
     [,1] [,2]
[1,] 0.45 0.55
#2日後の計算
(pi2 <- pi1%*%P)
      [,1]  [,2]
[1,] 0.465 0.535
```

すると $\pi^{(1)} = (0.45, 0.55)$，$\pi^{(2)} = (0.465, 0.535)$ となります．より一般的に t 日後の状態確率は，

$$\pi^{(t)} = \pi^{(t-1)} \boldsymbol{P} \tag{6.6}$$

となります．それではずっと先に，たとえば100日後のブランド選択の状態確率はどうなっているでしょうか．早速計算してみましょう．

---

[6] Excelの関数でも行列の演算はできますが，Ctrl + Shift + Enterの動作が入る，もしくは繰り返し演算が出てくるとテクニカルな関数表現やVBAの知識などが必要となり面倒になるので，ここではRで計算しています．またマルコフ連鎖モンテカルロ法では，乱数列を大量に扱いますが，Excelではバージョンによっては周期性が短く非常に乱数列の質が悪いと言われています．

```
# 初期の確率
pit <- pi0
#100回繰り返す
for(tt in 1:100) pit <- pit%*%P
# 結果の表示
print(pit)
          [,1]      [,2]
[1,] 0.4615385 0.5384615
```

ブランド1の状態確率は46%，ブランド2の状態確率は54%になります．では101日後の確率はどうでしょうか．

```
# 初期の確率
pit <- pi0
#101回繰り返す
for(tt in 1:101) pit <- pit%*%P
# 結果の表示
print(pit)
          [,1]      [,2]
[1,] 0.4615385 0.5384615
```

ブランド1の状態確率は46%，ブランド2の状態確率は54%と先ほどと同じ結果になります．このようにずいぶん先の日の状態確率とその次の日の状態確率は変わりません．これはある意味直感的な結果といえるかもしれません．たとえば天気の状態を考えましょう．{晴れ，くもり，雨}という状態があるとして，今日が{くもり}だった場合，明日は雨の確率が高いかもしれません．しかしその100日後と101日後の天気は今日の状態によらず，ある一定の確率で変わらないと考えた方が自然だと思います．ずいぶん先の日とその次の日の状態確率を現時点から考えたとき，変化がないのは当たり前かもしれません．ある条件下では[7]，このようにマルコフ連鎖は現時点からの期が大きくなると一定の分布に収束します[8]．この確率分布を**定常分布**と呼びます．

先ほどは初期の確率を $\pi^{(0)} = (0.5, 0.5)$ としていました．この初期の確率を変

---

[7] 具体的な条件は，既約的，非周期的，再帰的であることです．既約的とは，たとえば一度状態1になるとその後状態2にならないということがないこと，非周期的とは，たとえば1回おきに状態1になるなど周期的にある状態を訪れることがない，再帰的とは，たとえば状態1からまた状態1に戻ってくる時間が有限であることです．

[8] 「収束する」とは，最大化の計算のようにある一定の値に収束するのではなく，ある確率分布に収束するという意味であることに注意して下さい．

えたら結果はどのようになるでしょうか．$\pi^{(0)} = (0.99, 0.01)$ として，やってみましょう．

```
# 初期の確率
pit <- t(c(0.99,0.01))# 先ほどとは異なる
#100回繰り返す
for(tt in 1:100) pit <- pit%*%P
# 結果の表示
print(pit)
         [,1]      [,2]
[1,] 0.4615385 0.5384615
```

このように初期の状態確率を変えても，同じ結果になります．つまりはずっと先のことは初期確率には依存しません．この定常分布を $\pi = (\pi_1, \pi_2)$ とすると推移確率 P との関係を次のように表すことができます．

$$\pi_j = \sum_{i=1}^{n} \pi_i p_{ij}, \quad j = 1, \cdots, n \tag{6.7}$$

(6.7) 式を行列形式で表すと次のようになります．

$$\pi = \pi P \tag{6.8}$$

右辺にも左辺に π がでています．(6.5) 式など $\pi^{(1)}$ や $\pi^{(2)}$ はそれぞれ異なる確率分布でした．しかしこの式は，定常確率では現在の状態確率と次の期の状態確率は変わらないことを表しています．

それでは定常分布を求めるにはどうすればよいのでしょうか．先ほどのように行列とベクトルの掛け算を繰り返して計算をする，または学校教育的には固有値を使ってエレガントに解を求めることも考えられますが，ここでは先の話につなげるために，先ほど紹介したモンテカルロ法で求めてみましょう．具体的には，次の手順で定常分布からシミュレーション・データを発生させます．

- 初期分布から状態を乱数で発生させる
- 0期の状態の推移確率に応じて，1期の状態を発生させる
- 1期の状態の推移確率に応じて，2期の状態を発生させる
- それを繰り返す
- ある程度繰り返したときの状態を記録する

具体的な例で考えてみます．$\pi^{(0)} = (0.5, 0.5)$ として，「ある程度繰り返したとき」を 100 日後とします．先ほどのブランド選択の場合に準じて一度やってみ

ましょう.

- 初期分布から状態を発生させる→ブランド1を選択
- 0期の状態の推移確率に応じて，1期の状態を発生させる→ブランド1を選択
- 1期の状態の推移確率に応じて，2期の状態を発生させる→ブランド2を選択
- それを繰り返す
- ある程度繰り返したとき（100日後）の状態を記録する→ブランド2を選択

上記の例では最終的にはブランド2になりましたが，これは確率的なものです．そして上記の1サイクルを何回か繰り返して，ブランド1になった割合，ブランド2になった割合を計算してみます．今回は10000回繰り返してRで実際にやってみましょう．

```
# 初期分布
pi0 <- t(c(1/2,1/2))
# モンテカルロ法の結果を記録する空のオブジェクト
out <- NULL
#10000回繰り返す
for(i in 1:10000) {
    # 初期の状態発生（1と2の状態を初期確率に応じてサンプリング）
    x <- sample(1:2,1,prob=pi0)
    # 状態に応じて推移確率を変化させ100回繰り返す
    #P[x,]はx行目を抜き出すという意味
    for(tt in 1:100) x <- sample(1:2,1,prob=P[x,])
    #100回目の状態を記録
    out <- c(out,x)
}
```

そして結果を見てみましょう．

```
# 集計して割合の表示
prop.table(table(out))
out
     1      2
0.4617 0.5383
```

この場合のブランド1の状態確率は46%，ブランド2の状態確率は54%で

先ほどの結果とほぼ同様でした．もちろん乱数を使った方法なので少し数値がずれるかもしれません．このようにモンテカルロ法によっても，定常分布を求めることができます．

上記の例が，マルコフ連鎖の例であり，推移確率が既知の場合で定常分布を求めました．ここまでではまだ「マルコフ連鎖モンテカルロ法」の説明には至ってはいません．さらに今までにベイズ統計学における数値計算との関連は述べていませんでした．先に要点を述べておくと，定常分布こそがベイズ統計学における求めたい分布である事後分布 $f(\theta|D)$ になります．上の例だと定常分布が未知で推移確率が既知でしたが，マルコフ連鎖モンテカルロ法では反対に事後分布は既知です．しかし直接計算が難しく，そのために推移確率の部分をうまく構成して事後分布 $f(\theta|D)$ からの乱数発生を行い，事後分布をシミュレートするというのがマルコフ連鎖モンテカルロ法の概略になります（図6.5）．

先ほどの例は状態が離散的なケースで説明をしました．しかしベイズ統計学の場合はパラメータの分布を連続型分布として利用することが多く，推移確率と定常分布を連続変数に対応させる必要があります．また先ほどは確率変数として $X^{(t-1)}$ と $X^{(t)}$ を使いましたが，ベイズ統計学の表記に合わせるため，また表記を単純にするため，それぞれ θ と θ' とします．θ' とは θ の転置ではなく θ とは別のパラメータという意味であることに注意して下さい．なお事後分布は $f(\theta|D)$ ですが，この章では表記を単純にするため条件付き部分をとって $f(\theta)$ とします[9]．ここで（6.7）式の定常分布の関係式は離散型でしたが，連続型分布に変更します．連続の場合はシグマ記号を積分に変えて表現します．

$$f(\theta') = \int f(\theta) p(\theta'|\theta) \mathrm{d}\theta \qquad (6.9)$$

ここで $p(\theta'|\theta)$ は連続分布では，**推移核**と呼びます[10]．先ほどのモンテカルロ法で行ったようにマルコフ連鎖から乱数発生を繰り返し，目標とする事後分布としての定常分布からの乱数にするには，どのような $p(\theta'|\theta)$ にすればよいのかをテクニカルな方法で解決していくかを以下で説明していきます．

---

9) 今まで $f(\theta)$ を事前分布の意味として使っていたので，注意してください．
10) （6.9）式をきちんと D に条件付けられた形で書くと，

$$f(\theta'|D) = \int f(\theta|D) p(\theta'|\theta,D) \mathrm{d}\theta$$

となります．一見するとベイズの定理の正規化定数に似ていますが，推移核 $p(\theta'|\theta,D)$ の部分は事前分布でも尤度関数でもないことに注意してください．

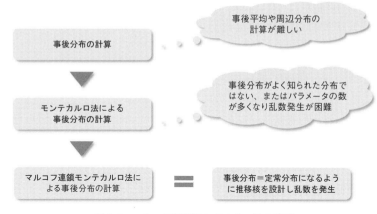

図 6.5 マルコフ連鎖モンテカルロ法の概略

6.3 ギブス・サンプリング

マルコフ連鎖モンテカルロ法の一種である**ギブス・サンプリング**は，推定したいパラメータが複数あり事後分布の計算は難しい時に，「ある条件」を満たしている場合に使われる乱数発生法です．たとえば推定するパラメータが 100 個で事後分布からの推論が困難であったり，またよく知らない形状の確率分布だったりすると，通常のモンテカルロ法では乱数発生が困難なことが多くあります．ここでの「ある条件」とは，あるパラメータの条件付き事後分布がよく知られた分布[11]であることです．

ここでは一番簡単な例として，$\theta = \{\theta_1, \theta_2\}$ として 2 つのブロックに分けられる場合で説明しましょう．θ_1 と θ_2 はベクトルであっても構いません．その同時事後分布を $f(\theta_1, \theta_2)$ とします．この分布の形状はベイズの定理のプロセスから分かるけれど，事後平均や周辺事後分布 $\int f(\theta_1, \theta_2) d\theta_2 = h(\theta_1)$ などの計算が困難だったとします．また通常のモンテカルロ法でも乱数発生が困難である状況を考えます．しかしながら，もし他のパラメータの条件付き事後分布

---

[11] 「よく知られた分布」と書きましたが，実際には逆ガンマ分布など日常では使わない分布がでてきます．ここでの意味は「コンピューターで計算が容易かつ乱数発生が容易な分布」という意味と考えてください．

$p_1(\theta_1|\theta_2)$ と $p_2(\theta_2|\theta_1)$ がよく知られた分布であれば，これから説明するギブス・サンプリングが利用できます．ここで（6.9）式を2ブロックのバージョンに変更すると次のようになります．

$$f(\theta_1', \theta_2') = \iint f(\theta_1, \theta_2) \, p(\theta_1', \theta_2'|\theta_1, \theta_2) \, \mathrm{d}\theta_1 \mathrm{d}\theta_2 \qquad (6.10)$$

この式が成立するような推移核を構成すれば，事後分布 $f(\theta_1, \theta_2)$ からのサンプリングができ，そこから事後平均や，周辺分布などの計算をシミュレートすることができます．具体的には，先ほどの条件から次のように構成します．

$$p(\theta_1', \theta_2'|\theta_1, \theta_2) = p_1(\theta_1'|\theta_2) \, p_2(\theta_2'|\theta_1') \qquad (6.11)$$

ここで $p_1(\theta_1'|\theta_2)$ は，θ_2 を固定した場合の θ_1' の乱数発生が容易な条件付き事後分布です．$p_2(\theta_2'|\theta_1')$ は，θ_1' を固定した場合の θ_2' の乱数発生が容易な条件付き事後分布です．先ほどの同時事後分布を2つに分けたような形になっています．これを推移核にすると，定常分布，すなわち事後分布からの乱数発生を行うことができます[12]．つまりは推移核を $p_1(\theta_1'|\theta_2)$ と $p_2(\theta_2'|\theta_1')$ として乱数を発生させれば，事後分布としての定常分布からの乱数発生を行うことができます．具体的な手順は次のようになります．

- 適当な $\theta_2^{(0)}$ を決める
- $p_1(\theta_1|\theta_2^{(0)})$ から $\theta_1^{(1)}$ を発生させる
- $p_2(\theta_2|\theta_1^{(1)})$ から $\theta_2^{(1)}$ を発生させる
- $p_1(\theta_1|\theta_2^{(1)})$ から $\theta_1^{(2)}$ を発生させる…これらを何回も繰り返して，十分大きな $\theta_1^{(t)}, \theta_2^{(t)}$ を記録する

このプロセスを図6.6に示します．この図では，初期値は中央から出発しています．$\theta_2^{(0)}$ が与えられたうえで，$\theta_1^{(1)}$ を発生させます．この場合は左方向に移動しました．次に $\theta_1^{(1)}$ が与えられたうえで，$\theta_2^{(1)}$ を発生させます．この場合は，

---

[12] これを推移核とすると（6.10）式の右辺は，次のように左辺に一致します．

$$\iint f(\theta_1, \theta_2) \, p(\theta_1', \theta_2'|\theta_1, \theta_2) \, \mathrm{d}\theta_1 \mathrm{d}\theta_2$$
$$= p_2(\theta_2'|\theta_1') \int \left[\int f(\theta_1, \theta_2) \mathrm{d}\theta_1 \right] p_1(\theta_1'|\theta_2) \mathrm{d}\theta_2$$
$$= p_2(\theta_2'|\theta_1') \int g(\theta_2) \frac{p_2(\theta_2|\theta_1') h(\theta_1')}{g(\theta_2)} \mathrm{d}\theta_2 \quad \left(\int f(\theta_1, \theta_2) \mathrm{d}\theta_1 = g(\theta_2) \text{ かつベイズの定理より} \right)$$
$$= p_2(\theta_2'|\theta_1') h(\theta_1') \int p_2(\theta_2|\theta_1') \mathrm{d}\theta_2$$
$$= p_2(\theta_2'|\theta_1') h(\theta_1') = f(\theta_1', \theta_2')$$

6.3 ギブス・サンプリング

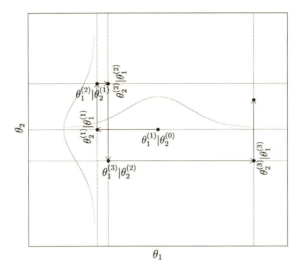

図 6.6　2 変量のギブス・サンプリング

上方向に移動しました．これを繰り返して状態の移動を繰り返して発生した乱数は $f(\theta_1, \theta_2)$ からの乱数となり，それをもとに事後分布をシミュレートすることが可能です．

　マルコフ連鎖の節の定常分布のモンテカルロ法では，ある程度何回か（100回）繰り返して得られた乱数を採取して，また 1 からマルコフ連鎖を繰り返して乱数を採取する…ということを何回も繰り返しました（10000 回）．つまり何本もの独立な乱数列を発生させていました．しかし実用的には，乱数列は通常は 1 本のみ，もしくは数本程度とすることが多いです．そして初期分布の影響がなくなるところまでマルコフ連鎖を繰り返して乱数を採取して推論に利用する，または間隔をあけてまた乱数を採取するという簡便法で事後分布をシミュレートすることが行われます．その方法の場合，得られた乱数列は時系列的に相関を持ち（自己相関がある），状態の一部からの乱数発生になり（区間が偏っている），事後分布をうまくシミュレートしていない可能性があります．しかし最初から何回も繰り返すことは，コンピューターの計算上時間がかかってしまうので，このような簡便手法がとられることが多いようです．

　ギブス・サンプリングを直感的に説明すれば，同時に乱数を発生させるのが難しい状況下で，1 個ずつ他のパラメータを固定した状況で交互に行えば，同

時に乱数を発生させる状況を生み出せるということになります．この状況は，2つの仕事を同時並行でこなすのは難しいけれど，1つずつ片方をストップしたうえで少しずつ交互に仕事を行えば，結局は2つの仕事を同時に行ったことになるという感覚に似ていると思います．

■ ベイズ統計学への応用例：正規分布のベイズ推定

次にこのギブス・サンプリングを用いてベイズ推定を行ってみましょう．1日の売上量 x_i が正規分布 $N(\mu, v)$ に従っているとして，未知のパラメータである平均パラメータ μ と分散パラメータ v を，表 6.2 の 20 日分のデータ ($n=20$) からギブス・サンプリングを用いて求めてみましょう．

ギブス・サンプリングが利用できる条件とは，条件付き事後分布 $p_1(\mu|v, D)$ と $p_2(v|\mu, D)$ がよく知られた分布であることです．このような状況は一般的ではありませんが，事前分布に自然共役分布を使うと条件付き事後分布は乱数発生が容易になります．この場合は μ の事前分布に正規分布 $N(m, d*v)$，また v の事前分布に逆ガンマ分布 $IG(a, b)$ を用います．すると具体的な証明は省きますが，未知のパラメータの条件付き事後分布 $p_1(\mu|v, D)$ が $N(h, v*w)$，$p_2(v|\mu, D)$ が $IG(a_1, b_1)$ という，乱数発生が容易な分布になります．ここで $N(h, v*w)$ において $w=(n+1/d)^{-1}$，$h=w(\sum_{i=1}^{n} x_i + m/d)$，また $IG(a_1, b_1)$ において $a_1 = a + n/2 + 1/2$ かつ，$b_1 = b + \sum_{i=1}^{n}(x_i - \mu)^2/2 + (\mu - m)^2/2d$ です．ここで m と d，a と b はハイパーパラメータで，分析者が事前に決めなくてはなりません．ここでは，事前の情報が少ないとして，事前分布の分散を大きくとるようにします．具体的には $m=0$ と $d=100^2$，$a=2$ と $b=1$ とします．

表 6.2 売上データ

日	売上量	日	売上量
1	100	11	116
2	97	12	111
3	81	13	97
4	92	14	114
5	104	15	110
6	106	16	101
7	83	17	86
8	95	18	97
9	77	19	113
10	96	20	107

6.3 ギブス・サンプリング

次にギブス・サンプリングの具体的な手順を書くと次のようになります．

- 適当な $v^{(0)}$ を決める（今回は不偏分散とする）
- 正規分布である $p_1(\mu|v^{(0)})$ から $\mu^{(1)}$ を発生させる
- 逆ガンマ分布である $p_2(v|\mu^{(1)})$ から $v^{(1)}$ を発生させる
- 正規分布である $p_1(\mu|v^{(1)})$ から $\mu^{(2)}$ を発生させる…これらを何回も繰り返して，十分大きな $\mu^{(t)}, v^{(t)}$ を記録する

このプロセスを何回も繰り返します．R でこれをやってみます．最初に表 6.2 のデータの入力を行います．

```
# データの入力
x <- c(100,97,81,92,104,106,83,95,77,96,116,111,97,114,110,101,86,97,113,107)
```

事前分布のハイパーパラメータを設定します．

```
# ハイパーパラメータの設定
m <- 0;d <- 100^2#muの事前分布
a <- 2;b <- 1#vの事前分布
```

次に繰り返しの中で同じ計算をしないように，パラメータに依存しない部分をあらかじめ計算をしておきます．

```
#muやvに依存しない部分の計算
n <- length(x);w <- (n+1/d)^(-1)
h <- w*(sum(x)+m/d);a1 <- a+n/2+1/2
```

初期値の設定と繰り返し回数の設定をします．今回は 10000 回繰り返すことにします．初期値として不偏分散を設定しています．

```
# 初期値の設定
v <- var(x)
# 繰り返しの回数の指定
R <- 10000
```

そしてギブス・サンプリングを行います．

```
# 乱数を入れるオブジェクトの設定
mu_trace <- double(R);v_trace <- double(R)
# ギブス・サンプリングの開始
for(r in 1:R) {
  # 正規分布である mu の条件付き分布から乱数発生
  mu <- rnorm(1,h,sqrt(v*w))
  # 逆ガンマ分布である v の条件付き分布から乱数発生
  b1 <- b+0.5*crossprod(x-mu)+0.5*(mu-m)^2/d
  v <- 1/rgamma(1,a1,b1)
  # 乱数を記録する
  mu_trace[r] <- mu;v_trace[r] <- v
}
```

乱数発生が終わったら，乱数列を表示してみましょう．

```
# 乱数列のプロット
par(mfrow=c(2,1))
plot(mu_trace,type="l",main="μ のトレース",xlab=" 繰り返し回数 ",ylab="μ")
plot(v_trace,type="l",main="v のトレース",xlab=" 繰り返し回数 ",ylab="v")
```

すると図 6.7 の左のようなトレースをプロットすることができます．

これを見ると，初期値に依存せずにすぐに定常分布に収束していますが，ここでは一応最初の 1000 回を捨てて分析をしてみます．次に密度推定を使った周辺事後分布 $f(\mu|D)$ と $f(v|D)$ のプロットです．

```
# 近似した確率密度関数のプロット
BI <- 1001# 捨てる乱数列の指定
plot(density(mu_trace[BI:R]),main="μ の事後分布 ",xlab="μ",ylab="f(μ|D)")
plot(density(v_trace[BI:R]),main="v の事後分布 ",xlab="v",ylab="f(v|D)")
```

図 6.7 の右のようなプロットをすることができます．最後にこの乱数列を集計して事後分布の推定を行います．

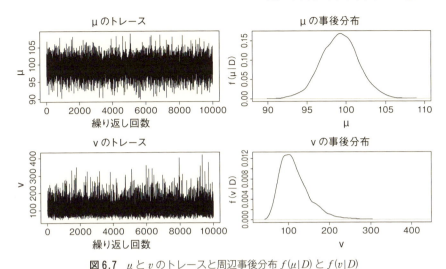

図 6.7 μ と v のトレースと周辺事後分布 $f(\mu|D)$ と $f(v|D)$

```
# 平均
mean(mu_trace[BI:R])#μ
[1] 99.16861
mean(v_trace[BI:R])#v
[1] 116.1169
#95% 信用区間とメディアン(50%)
quantile(mu_trace[BI:R],c(0.025,0.5,0.975))#μ
     2.5%      50%     97.5%
 94.33479  99.18591 103.99651
quantile(v_trace[BI:R],c(0.025,0.5,0.975))#v
     2.5%      50%     97.5%
 63.05961 108.94498 209.97589
```

売上の平均パラメータ μ の事後平均は 99 で，その 95%信用区間は $[94,104]$ となっています．また分散パラメータ v の事後平均は 109 で，その 95%信用区間は $[63,210]$ となっています．

実はこの例の場合は，ギブス・サンプリングを使わずとも解析的に（数式上で）事後分布を導出することが可能ですが[13]，ギブス・サンプリングの例として実際に計算してみました．ベイズ統計学のモデリングでは，推定パラメータが何百という状況も多く，条件付き事後分布がよく知られた分布である場合

---

13) 周辺事後分布 $f(\mu|D)$ は t 分布，$f(v|D)$ は逆ガンマ分布になります．

は，このギブス・サンプリングはとても強力な武器になります．

6.4 メトロポリス・ヘイスティングス・アルゴリズム

■ 詳細釣り合い条件

ギブス・サンプリングの場合は，条件付き事後分布がよく知られた分布という強い条件がありました．そのような状況は一般的ではありません．そうではない場合は，定常分布の推移核になるような条件を満たすようにマルコフ連鎖を構成して乱数を発生させる必要があります．その条件が**詳細釣り合い条件**です．具体的には次のような式で表されます．

$$f(\theta)p(\theta'|\theta) = f(\theta')p(\theta|\theta') \qquad (6.12)$$

この方程式がすべての θ と θ' に対して成立することを指します．条件を満たすと仮定して両辺を θ で積分すると，次のようになります．

$$\int f(\theta)p(\theta'|\theta)d\theta = f(\theta') \qquad (6.13)$$

これは (6.9) 式と同様になります．θ から θ' に推移しても f の形状は変わらない，つまりは定常分布になっていることを示しています．つまり詳細釣り合い条件を満たす推移核を構成すれば，定常分布からの乱数発生が行えることになります[14]．

この条件の意味は，「釣り合い」というところが重要です．簡単な例として，状態数が2の離散分布の例を考えましょう．定常分布は仮に既知として，状態1をとる確率が 2/3，状態2をとる確率が 1/3 とします（2:1）．そして推移確率が次のようになっているとします．

$$\boldsymbol{P} = \begin{pmatrix} p_{11} & p_{12} \\ p_{21} & p_{22} \end{pmatrix} = \begin{pmatrix} 9/10 & 1/10 \\ 1/5 & 4/5 \end{pmatrix} \qquad (6.14)$$

ここで詳細釣り合い条件を考えましょう．状態1から状態1と状態2から状態2は自明に成り立つとして，状態1から状態2と状態2から状態1は次のよう

---

14) 詳細釣り合い条件は，マルコフ連鎖が定常分布になることの十分条件であり，必要条件ではありません．つまり定常分布になるマルコフ連鎖は，必ずしも詳細釣り合い条件を満たすとは限りません．

になります．

$$\frac{2}{3} \times \frac{1}{10} = \frac{1}{3} \times \frac{1}{5} \tag{6.15}$$

このようにこの場合は，詳細釣り合い条件が成り立っていることがわかります．定常的になりやすい状態（この場合は2/3の状態1）からなりにくい状態（この場合は1/3の状態2）への流入は少なく（1/10），定常的になりにくい状態からなりやすい状態への流入は多い（1/5）という，釣り合いが成立します．連続分布の場合は次のようなイメージです（図6.8）．

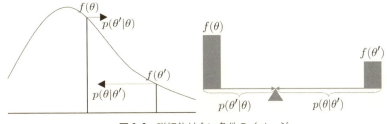

図 6.8 詳細釣り合い条件のイメージ

この図で $f(\theta) > f(\theta')$ となっていますが，θ から θ' へ移動する場合の流出量は少なく，その逆は多くなっています．それらの釣り合いが取れるようになっているのが，この詳細釣り合い条件になっています．この条件は，マルコフ連鎖モンテカルロ法の重要な部分になります．次に説明するメトロポリス・ヘイスティングス・アルゴリズムでは，この条件を満たすように推移核を設計して事後分布からの乱数発生を行います．

■ **メトロポリス・ヘイスティングス・アルゴリズム**

メトロポリス・ヘイスティングス・アルゴリズムは，ある分布（ベイズ推定の事後分布に相当）から乱数を発生させたいがよく知られた分布でなく，乱数の発生が容易でない場合に使われるマルコフ連鎖モンテカルロ法です．事後分布としての定常分布の推移核を見つけるのは一般的には困難です．そこで先ほど説明した（6.12）式の詳細釣り合い条件を利用します．しかしここでも $p(\theta'|\theta)$ はどのようにすればよいのかわかりません．そこで乱数発生が容易な疑似的な推移核 $q(\theta'|\theta)$ を利用します．これを**提案分布**といいます．しかしそ

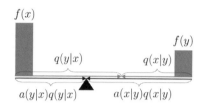

図 6.9 詳細釣り合い条件の補正のイメージ

の提案分布は詳細釣り合い条件を当然ながら満たさず，流入出の比が崩れた状態になります．ここでは場合分けで入れ替えて説明するために，一時的に θ ではなくて2つの変数 x と y を使います．次のように x から y 周辺の流入が通常より大きい状態を考えます．

$$f(x)q(y|x) > f(y)q(x|y) \tag{6.16}$$

この崩れを補正してやろうというのが，メトロポリス・ヘイスティングス・アルゴリズムの基本的なアイデアです．$a(y|x)q(y|x) = p(y|x)$ かつ $a(x|y)q(x|y) = p(x|y)$ となるような推移核を考えると，次のように無理やり詳細釣り合い条件を満たすことができます．

$$a(y|x)f(x)q(y|x) = a(x|y)f(y)q(x|y) \tag{6.17}$$

ここで，$a(y|x) > 0$，$a(x|y) > 0$ かつ $a(y|x) < a(x|y)$ となります．もし (6.16) 式が成り立つ場合は，x から y への流出を抑えなければなりません．そこで $a(y|x)$ の確率で移動することを考えます．つまりは推移しないことも許容すれば，流入出の釣り合いを保つことができます（図 6.9）．

しかし (6.17) 式では $a(y|x) > 1$ の可能性もあります．そこで詳細釣り合い条件を保ったまま，$a(y|x)$ を確率とするために $a(x|y)$ で両辺を割ります．それを $\alpha(x|y) = a(x|y)/a(x|y) = 1, \alpha(y|x) = a(y|x)/a(x|y)$ とします．すると次のようになります．

$$\alpha(y|x)f(x)q(y|x) = f(y)q(x|y) \tag{6.18}$$

さらに $\alpha(y|x)$ について式を解くと，次のようになります

$$\alpha(y|x) = \frac{f(y)q(x|y)}{f(x)q(y|x)} \leq 1 \tag{6.19}$$

(6.16) 式の条件より1以下の範囲になっています．もし提案分布が (6.18) 式の左辺の場合，x から y への流入を $\alpha(y|x)$ の確率で抑えます．

反対に提案分布が右辺の場合は，$\alpha(x|y)=1$，つまり常に y から x へ流入させることにします．これを再び θ, θ' で考えると，$f(\theta)q(\theta'|\theta) > f(\theta')q(\theta|\theta')$ の場合，$\alpha(\theta'|\theta) = f(\theta')q(\theta|\theta')/f(\theta)q(\theta'|\theta)$ の確率で θ' に推移し，$f(\theta)q(\theta'|\theta) \leq f(\theta')q(\theta|\theta')$ の場合，常に θ' に移動するようにします．以上をまとめると，$\alpha(\theta'|\theta) = \min(1, f(\theta')q(\theta|\theta')/f(\theta)q(\theta'|\theta))$ となります．それではこの手順をまとめましょう．

- 乱数発生が容易な提案分布 $q(\theta^c|\theta)$ から候補となる θ^c を発生させる
- 移動の確率 $\alpha(\theta'|\theta) = \min(1, f(\theta^c)q(\theta|\theta^c)/f(\theta)q(\theta^c|\theta))$ を計算し，それに従い推移の決定を行う

さてこの手法がベイズ統計学においてなぜ有効であるか，さらに説明を加えましょう．再びベイズ統計学における事後分布の形式で，(6.19) 式を書き直すと次のようになります．

$$\alpha(\theta'|\theta) = \frac{\dfrac{f(D|\theta^c)f(\theta^c)}{\int f(D|\theta^c)f(\theta^c)d\theta^c} \times q(\theta|\theta^c)}{\dfrac{f(D|\theta)f(\theta)}{\int f(D|\theta)f(\theta)d\theta} \times q(\theta^c|\theta)} = \frac{f(D|\theta^c)f(\theta^c)q(\theta|\theta^c)}{f(D|\theta)f(\theta)q(\theta^c|\theta)} \quad (6.20)$$

正規化定数をキャンセルできるのでカーネルの部分だけで計算ができます．これは計算の上で非常にアドバンテージとなります．

それでは前節の状態数が 2 の場合の例でメトロポリス・ヘイスティングス・アルゴリズムをやってみましょう．先ほどの場合は状態 1 の確率が 2/3，状態 2 になる確率が 1/3 と既知でわざわざ計算をする必要はないのですが，確認のために実際にやってみましょう．提案分布が次のようになっているとします．

$$\boldsymbol{Q} = \begin{pmatrix} q_{11} & q_{12} \\ q_{21} & q_{22} \end{pmatrix} = \begin{pmatrix} 4/5 & 1/5 \\ 1/10 & 9/10 \end{pmatrix} \quad (6.21)$$

この提案分布は詳細釣り合い条件を満たしません．状態 1 から状態 2 と状態 2 から状態 1 は次のようになります．

$$\frac{2}{3} \times \frac{1}{5} > \frac{1}{3} \times \frac{1}{10} \quad (6.22)$$

よって補正が必要になります．詳細釣り合い条件を満たすために状態 1 から状態 2 の移動の際には，$f(\theta^c)q(\theta|\theta^c)/f(\theta)q(\theta^c|\theta) = 1/4$ の確率で移動するように

設計します.

$$A = \begin{pmatrix} \alpha_{11} & \alpha_{12} \\ \alpha_{21} & \alpha_{22} \end{pmatrix} = \begin{pmatrix} 1 & 1/4 \\ 1 & 1 \end{pmatrix} \tag{6.23}$$

このように推移核を設計すれば本当に定常分布になるか,早速 R でやってみましょう.

```
# 提案分布の定義
Q <- matrix(c(4/5,1/5,1/10,9/10),2,2,byrow=TRUE)
# 初期値の作成 (1/2)
x <- sample(c(1,2),1)
# 結果を入れるオブジェクト
out <- NULL
# メトロポリス・ヘイスティングス・アルゴリズムの実行
for(r in 1:100000) {
  # 候補のサンプリング
  x_c <- sample(c(1,2),1,prob=Q[x,])
  # もし現在の状態が 1 かつ候補の状態が 2 だったら移動するか確率で決める
  if(x==1&x_c==2) {
    if(runif(1)<1/4) x <- x_c # 乱数によって移動するか決める
  } else { # それ以外
    x <- x_c
  }
  out <- c(out,x) # 結果を入れる
}
```

次のように集計を行い結果を見てみます.

```
# 集計
prop.table(table(out))
out
    1       2
0.66048 0.33952
```

このように結果が定常分布 $\pi = (2/3, 1/3)$ に近づいていることがわかります.

ここまでメトロポリス・ヘイスティングス・アルゴリズムについて述べてきました.しかしこれまでギブス・サンプリングも同様なのですが,いつ定常分布からの乱数発生になるかは述べていませんでした.具体的に最初から何回かと知る方法はないのですが,簡単な方法としてはパラメータのプロットなどを見て決定することが考えられます.

■ ベイズ統計学への応用例：ロジスティック回帰モデル

それではメトロポリス・ヘイスティングス・アルゴリズムを使って分析を行ってみます．ここで取り上げるのはマーケティングをはじめ，様々な分野のモデルで使われるロジスティック回帰モデルです．ロジスティック回帰モデルは，基準変数が持っている／持っていない，買う／買わないなど2値の状況で使われます．今回はスマートフォンの利用（利用している=1／利用していない=0）状態を，説明変数として年齢で説明する単純なモデルを考えます．訪問調査であるNOS（日本リサーチセンター・オムニバス・サーベイ）で得られた全国の15～79歳の男女1200人の2016年2月のデータ `SP.csv` を利用します．次のような形式のデータになります．

A列はID，B列はスマートフォンを利用していたら1，そうでなかったら0を示します．C列は年齢を示すデータです．そしてスマートフォンの利用確率を次のようにモデル化します．

$$p_i = P(y_i = 1 | \boldsymbol{\theta}) = \frac{1}{1 + \exp\{-(\theta_0 + \theta_1 x_i)\}} \tag{6.24}$$

このモデルをロジスティック回帰モデルといいます．y_i はスマートフォンを持っているならば1，そうでなければ0をとる変数です．x_i は年齢を表す説明変数です[15)]．θ_0 と θ_1 は，未知の切片と偏回帰係数パラメータで，ベイズ統計

	A	B	C
1	uid	スマホ利∫	年齢
2	1	1	18
3	2	0	51
4	3	0	65
5	4	1	35
6	5	1	40
7	6	0	75
8	7	1	24
9	8	1	53
10	9	0	62
11	10	1	34

図6.10　利用するデータ `SP.csv` の一部

15)　実際の分析では見かけ上，偏回帰係数の値が小さくなるので，年齢を100で割って分析をしました．よって解釈する際には $\theta_1 \times \frac{\text{年齢}}{100} = \frac{\theta_1}{100} \times \text{年齢}$ だから偏回帰係数を100で割って解釈をします．

学で推定する対象になります．ここでこれをベクトル表記にして，$\boldsymbol{\theta}=(\theta_0,\theta_1)'$ とします．このモデルをベイズ推定してみます．まず尤度は2項分布を使って次のようになります．

$$f(D|\boldsymbol{\theta})=\prod_{i=1}^{n}p_i^{y_i}(1-p_i)^{1-y_i} \tag{6.25}$$

次に $\boldsymbol{\theta}$ の事前分布の設定をします．ここでは二変量正規分布を仮定します．

$$f(\boldsymbol{\theta})\propto\exp\left\{-\frac{1}{2}(\boldsymbol{\theta}-\boldsymbol{m})'\boldsymbol{V}^{-1}(\boldsymbol{\theta}-\boldsymbol{m})\right\} \tag{6.26}$$

ここで $\boldsymbol{m}$ と $\boldsymbol{V}$ はハイパーパラメータで分析者が任意に決めます．ここでは事前に情報はないので，$\boldsymbol{m}=(0,0)'$ として，また $\boldsymbol{V}$ は大きく次のように設定します．

$$\boldsymbol{V}=\begin{pmatrix}10000 & 0 \\ 0 & 10000\end{pmatrix} \tag{6.27}$$

すると事後分布のカーネルは次のようになります．

$$f(\boldsymbol{\theta}|D)\propto f(D|\boldsymbol{\theta})\times f(\boldsymbol{\theta}) \tag{6.28}$$

この分布はよく知られた分布ではないので通常のモンテカルロ法は使えません．よってメトロポリス・ヘイスティングス・アルゴリズムを利用して計算します．

メトロポリス・ヘイスティングス・アルゴリズムには，提案分布の形式によって様々な手法がありますが，ここでは**独立連鎖**という手法を利用します．通常提案分布は，$q(\boldsymbol{\theta}'|\boldsymbol{\theta})$ と前のステップに依存する形になっていますが，$q(\boldsymbol{\theta}'|\boldsymbol{\theta})=q(\boldsymbol{\theta}')$ と前のステップに依存せずに候補を発生させる方法を独立連鎖といいます．独立連鎖は，事後分布に近似できる提案分布がある場合に有効です．ここでは近似できる分布として，従来的な統計学の解の結果を提案分布の参考として利用します．具体的には平均 $\hat{\boldsymbol{\theta}}$ に最尤推定値，分散共分散 $\boldsymbol{S}$ として漸近的な推定量の共分散行列を利用した二変量正規分布 $N(\hat{\boldsymbol{\theta}},\boldsymbol{S})$ を提案分布として利用します．

$$q(\boldsymbol{\theta}')\propto\exp\left\{-\frac{1}{2}(\boldsymbol{\theta}'-\hat{\boldsymbol{\theta}})'\boldsymbol{S}^{-1}(\boldsymbol{\theta}'-\hat{\boldsymbol{\theta}})\right\} \tag{6.29}$$

その場合の手順は，まず $N(\hat{\boldsymbol{\theta}},\boldsymbol{S})$ から候補となるパラメータ $\boldsymbol{\theta}^c$ を発生させます．そして移動の確率 $\alpha(\boldsymbol{\theta}'|\boldsymbol{\theta})=\min\bigl(1,f(D|\boldsymbol{\theta}^c)f(\boldsymbol{\theta}^c)q(\boldsymbol{\theta})/f(D|\boldsymbol{\theta})f(\boldsymbol{\theta})q(\boldsymbol{\theta}^c)\bigr)$ に応じて，パラメータを移動させます．それをRで実際に行ってみます．まずデータをRに読み込ませます．

6.4 メトロポリス・ヘイスティングス・アルゴリズム

```
### データの読み込み
Data <- read.csv("SP.csv")# 作業フォルダにデータがあるとする
y <- Data[,2]# 基準変数
X <- cbind(1,Data[,3]/100)# 説明変数行列（切片含む）
```

次に提案分布の平均と分散共分散行列を作成します．

```
### 提案分布のパラメータ計算
# 最尤法によるロジスティック回帰モデルの推定（説明変数は切片含まないで指定する）
out_ml <- glm(y~X[,2],family="binomial")
# 最尤推定値（提案分布の平均ベクトル）
theta_hat <- out_ml[[1]]
# 推定した分散共分散行列（提案分布の分散共分散行列）
S <- summary(out_ml)[[16]]
# 事前の計算
tchS <- t(chol(S))# 候補の乱数作成用
S_inv <- solve(S)# 計算用
```

次に事前分布のハイパーパラメータと繰り返しの設定を行います．今回は繰り返しの数を 11000 回にします．

```
### 事前の指定
# 推定パラメータの数（切片含む）
J <- ncol(X)
# 事前分布のハイパーパラメータ
m <- rep(0,J)# 平均パラメータ
# 分散パラメータ
V <- 10000*diag(2)
V_inv <- solve(V)# 事前の計算

###MCMC 設定など
# 繰り返しの回数の指定
R <- 11000
# 初期値の設定
theta <- rep(0,J)
# 乱数列を記録するオブジェクト
theta_trace <- matrix(0,R,J)
# 移動した回数初期値
nm <- 0
```

そして独立連鎖によるメトロポリス・ヘイスティングス・アルゴリズムを開始します．ここでは移動の確率を対数化して計算しています．その理由はデータ

が多くなると尤度の値が小さくなりコンピューターの計算上0とされて計算がうまくいかないことがあるからです[16]．

```
### 独立連鎖の開始
for(r in 1:R) {
# 候補分布から乱数発生（多変量正規分布）
  theta_c <- theta_hat+tchS%*%(rnorm(J))
# 候補の事後確率密度のカーネル計算（対数）
  v_c <- X%*%theta_c# 線形モデルの部分
  LL_c <- sum(y*log(1/(1+exp(-v_c)))+(1-y)*log(exp(-v_c)/(1+exp(-v_c))))# 尤度
  LP_c <- -0.5*t(theta_c-m)%*%V_inv%*%(theta_c-m)# 事前分布
  K_c <- LL_c+LP_c# 候補の事後分布のカーネル

# 現在の事後確率密度のカーネル計算（対数）
  v <- X%*%theta# 線形モデルの部分
  LL <- sum(y*log(1/(1+exp(-v)))+(1-y)*log(exp(-v)/(1+exp(-v))))# 尤度
  LP <- -0.5*t(theta-m)%*%V_inv%*%(theta-m)# 事前分布
  K <- LL+LP# 現在の事後分布のカーネル

# 提案分布の計算
  LQ <- -0.5*t(theta- theta_hat)%*%S_inv%*%(theta- theta_hat)# 分子の部分
  LQ_c <- -0.5*t(theta_c- theta_hat)%*%S_inv%*%(theta_c- theta_hat)# 分
  母の部分

# 移動の確率の計算（対数をネイピア数で戻している）
  alpha <- min(1,exp(K_c+LQ-K-LQ_c))
# 移動するか決定するプロセス
  if(alpha<1) {#f(θ)q(θ_c|θ)>f(θ_c)q(θ|θ_c)のケース
    if(runif(1)<alpha) {# 確率的に移動する場合
      theta <- theta_c# 状態を移動
      nm <- nm+1# 移動した回数を記録
    } else {# 移動しない場合
      theta <- theta
    }
  } else {#f(θ)q(θ_c|θ)<f(θ_c)q(θ|b_c)のケース
    theta <- theta_c# 状態を移動
    nm <- nm+1# 移動した回数を記録
  }
# 状態の記録
  theta_trace[r,] <- theta
}
# 独立連鎖における移動率
nm/R
```

---

16) たとえば，R上で1/3の1000乗(1/3^1000)を計算すると0になってしまいます．しかし対数化すると(-1000*log(3))は0にならずに計算が可能です．

6.4 メトロポリス・ヘイスティングス・アルゴリズム

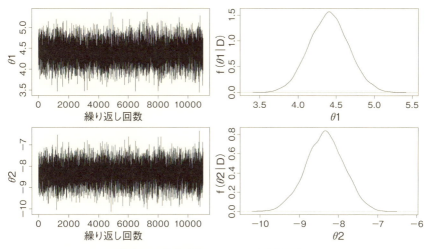

図 6.11 独立連鎖のトレースと事後分布

この場合の繰り返し計算の中での移動の確率は 97% でした．次に乱数列のトレースを見てみましょう．

```
# 乱数列のプロット
par(mfrow=c(2,1))
plot=theta_trace=,1=,type="l",xlab="繰り返し回数 ",ylab="θ1")
plot(theta_trace[,2],type="l",xlab=" 繰り返し回数 ",ylab="θ2")
```

図 6.11 の左のようなプロットができます．この図を見ると，初期値に依存せず，また偏った状態をとらずに乱数発生ができていることが分かります．次に最初の 1000 回を捨てて残りの 10000 回の乱数で事後分布を図示します．

```
# 近似した確率密度関数のプロット
BI <- 1001# 捨てる乱数列の指定
plot(density(theta_trace[BI:R,1]),main="",xlab="θ1",ylab="f(θ1|D)")
plot(density(theta_trace[BI:R,2]),main="",xlab="θ2",ylab="f(θ2|D)")
```

図 6.11 の右のようなプロットができます．この図を見ると，正規分布に似た単峰型の分布であることが分かります．最後に事後平均とメディアン，そして 95% 信用区間を乱数から計算してみます．

```
# 事後平均
mean(theta_trace[BI:R,1])#θ1
[1] 4.403387
mean(theta_trace[BI:R,2])#θ2
[1] -8.348169
#95% 信用区間とメディアン(50%)
quantile(theta_trace[BI:R,1],c(0.025,0.5,0.975))#θ1
    2.5%      50%     97.5%
3.898574 4.403965 4.921575
quantile(theta_trace[BI:R,2],c(0.025,0.5,0.975))#θ2
    2.5%      50%     97.5%
-9.322959 -8.346611 -7.394270
```

年齢の偏回帰係数がマイナスであることより，スマートフォンの利用は年齢が高いほど確率が減るという解釈ができます．

ここでは1ブロックに限った説明をしました．しかし2ブロックの場合はどのようにすればよいのかという疑問が湧くと思います．その場合は先ほど説明したギブス・サンプリングの中でメトロポリス・ヘイスティングス・アルゴリズムを組み込みます．2ブロックの場合は，次のような手順をとります．

- 適当な $\theta_2^{(0)}$ を決める
- $p_1(\theta_1|\theta_2^{(0)})$ から $\theta_1^{(1)}$ をメトロポリス・ヘイスティングス・アルゴリズムで発生させる
- $p_2(\theta_2|\theta_1^{(1)})$ から $\theta_2^{(1)}$ をメトロポリス・ヘイスティングス・アルゴリズムで発生させる
- $p_1(\theta_1|\theta_2^{(1)})$ から $\theta_1^{(2)}$ をメトロポリス・ヘイスティングス・アルゴリズムで発生させる…これらを何回も繰り返して，十分大きな $\theta_1^{(t)}, \theta_2^{(t)}$ を記録する

マルコフ連鎖モンテカルロ法とは，ベイズ統計学そのものではなく，幅広く利用できる数値計算法だということをまず強調しておきたいと思います．その上で，マルコフ連鎖モンテカルロ法なしでは応用的なベイズ統計学の実行ができないと思ってください．

ベイズ統計学でのマルコフ連鎖モンテカルロ法の利点は，正規化定数の計算をパスして，事後分布の平均や分散，パーセンタイル点などの計算ができることにあります．また事後分布の周辺分布も多重積分をせずに求めることができ

ます.

　マルコフ連鎖モンテカルロ法のミソは事後分布から乱数を発生させてそれを集計して推論を行うことにあります．現在，マルコフ連鎖モンテカルロ法を改良した新しい手法も提案されていますが[17]，乱数を発生して集計をするという方針は同じです．ベイズ統計学の応用の際には，本章で解説した乱数列の扱い方に慣れておきましょう．

---

17) この本でも紹介している Stan では，マルコフ連鎖モンテカルロ法より効率的であるハミルトニアン・モンテカルロ法という手法を採用しています．

第7章

階層ベイズ・モデルでコンジョイント分析

　ベイズ統計学の実務的な導入の利点は，何でしょうか．実は初等的な統計学の教科書にあるようなモデルを推定する場合には，推定に対する理論の根本的な考え方は違えど，ベイズ統計学でも従来的な統計学（最小二乗法や最尤法）でも，モデルの推定結果は実務上では大きくは変わりません．しかしベイズ統計学には，その後の応用で，より柔軟なモデリングができるという利点があります．その代表例が**階層ベイズ・モデル**（hierarchical Bayes models）です．むしろこの階層ベイズ・モデルによって，マーケティングをはじめ，様々な場面でベイズ統計学の利用が広まったといえるでしょう．

　階層ベイズ・モデルの利点は，(1) 個人別の推定の不確実性を軽減できる，また (2) 事前分布に個人の特性の情報を追加してモデリングができることにあります．この章では，階層ベイズ・モデルの説明とマーケティングでよく使われるコンジョイント分析を例に実際のデータを使った分析を紹介します．

7.1　階層ベイズ・モデル

　具体的な説明の前に，なぜマーケティングをはじめ産業界で階層ベイズ・モデルが使われるようになったか説明をしましょう．マーケティングの基本は，消費者の違いを理解することです．大量生産時代を過ぎた現在，企業は消費者の異なるニーズに合わせて新しい製品を作り，適切な価格の設定をしなくてはなりません．たとえば消費者の価格感度やブランド・ロイヤルティを考えると，個人別で異なるのは自然な考え方です．その要求に合わせて，計量的なマーケティング・モデルでも，「1人1人異なる」モデルの利用が望まれてき

ました.

　マーケティングでは，アンケートや購買履歴などの行動履歴からデータを利用してモデリングを行います．しかしアンケート・データにせよ購買履歴データにせよ，個人別で分析しようとすると圧倒的にデータの量が足りないことが実際の現場では多いはずです．たとえば，ビッグデータの代表例である購買履歴データは，全体ではリッチなデータだとしても，個人別にすれば高々数個のトランザクション・データの場合が多数を占めていたりして，実際に個人別で分析をしようとすると推定値のブレが大きくなってしまうことが多いと思います．

　そこで情報の少ない中で分析をする，もしくは個人別のパラメータを求めるのは諦めて，(1) 全員のデータをマージして，全員同一のパラメータ（たとえば偏回帰係数）を持つと仮定してモデルの推定を行う，または (2) 性別や年代別など，アプリオリなカテゴリカル変数を使って，ある程度サンプル・サイズが確保できる程度に分割して，グループ別に分析するという方法が実務的には行われてきました．しかし個人の行動が多様化して，またワントゥワンマーケティングと呼ばれる「1人1人異なる」マーケティングを行うこともある現代のマーケティングでは，従来の方法では限界があります．

　マーケティング・サイエンスと呼ばれる消費者行動を定量的に分析する分野でも，この個人の異質性を考慮するために様々な方法が考案されてきました．その決定打が，これから説明する MCMC 法などの乱数法を数値計算法に使った，階層ベイズ・モデルです．現在，個人の異質性[1]を考慮したモデルの多くに利用されています．

　それでは階層ベイズ・モデルの利点とは何でしょうか．先に述べると，それは次の2つにまとめることができます．
(1)　個人別の推定の不確実性を軽減できる
(2)　事前分布に個人の特性などの情報を含めることができる
先ほど個人別のパラメータ（たとえば，価格感度やブランド・ロイヤルティな

---

[1] この章では，最小単位ユニットを「個人」に設定しましたが，階層ベイズ・モデルで扱うユニット単位は個人でなくても，「世帯」の場合や，売上データの場合は「店舗」ということもあります．社会調査では，次の章で紹介するように「地域」の場合もあるし，教育分野では「学校」などのユニットの単位が考えられるかもしれません．

126 第7章 階層ベイズ・モデルでコンジョイント分析

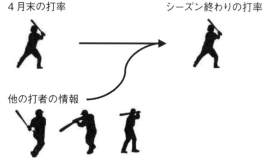

図 7.1 打率の階層ベイズ的な推論

ど）を求めるのにデータが足りないと述べましたが，それだったらベイズ流に個人別のパラメータの事前分布にうまく情報を追加して推論をすればよいことになります．具体的には，もし極端な値が出てしまったら全体の平均に近づくように，少し修正してくれるといった方式をとります．こうすることでデータ量が少ない個人別の推定を行う際に，不確実性を全体として軽減することができるのです．それを次のように考えます．

$$個人別のパラメータ = 全体の平均 + 個人特有の値 \quad (7.1)$$

すなわち情報が少ない（データが少ない）場合に，事前の情報として他の情報（全体の平均）で補ってやるというのが基本的な考え方です．

　この思考法は少しわかりにくいかもしれないですが，普段私たちが推論する際にも，似たようなことをしていると思われます．たとえば，プロ野球で，開幕から4月末くらいまで調子のよい打者ならば打率を4割以上保っている場合があります．しかし少しでもプロ野球を知っている人なら，シーズンを通じて，4割以上を保つことが難しく，シーズン終了後には，3割前半程度に落ち

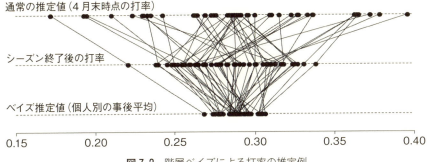

図 7.2 階層ベイズによる打率の推定例

着くのではないかと予想がつくと思います．この推論は，階層ベイズ的な推論といえるでしょう．少ないデータ（4月末までのデータ）から，本当に知りたい値（シーズン終わりの値）を予測する場合に，全体の平均（2割7分程度）の情報を利用して，極端な値を少し補正するという推論をしています．

通常の統計学モデルの場合，4月末までのデータだけでシーズン終わりの打率の予測を行うと，その推定値は4月末までの打数あたりの安打数の打率になります（すなわち4月末まで4割ならシーズン終わりの推定値も4割）．しかし階層ベイズを使えば，積極的に全体の情報を個人の推定に組み込むことができます（図7.1）．実際に階層ベイズ・モデルで分析した例を示しましょう．

図7.2は2014年の中段のプロ野球のシーズン打率を，開幕から4月末までのデータを使って推定して比較した図です．図7.2の上段のプロットが4月末までの打率で，通常の推定値の分布になります．一方，下段の方が階層ベイズで推定した分布です．同一の打者の値を線で結んであります．図7.2ではサンプルのうち，シーズン終了時で規定打席数に達した打者のみを事後的に抜いて図示しています[2]．この場合は，通常の推定値よりも，階層ベイズで推定した分布（値は事後平均）の方が中心に縮んでいることが分かります．これは個別に別々に推定したものとは異なり，全体の平均の情報を個人の推定に用いているからです．シーズン打率と推定値の離れ具合（の二乗）の平均を示すMSE[3]（0に近いほどよい指標）は，通常の推定値が0.00187に対し，階層ベイズによる推定は0.00077で，この場合は全体としては階層ベイズの方がよい

---

2) 4月末時点では，規定打席に達するか分からないからです．
3) MSEについては，後で詳しく説明します．

と示すことができます.

　さてここまで，概念的な話をしてきたので，より話を具体的にするために階層ベイズ・モデルを数式で表しましょう.「階層ベイズ・モデル」とは，ある1つのモデルを指すのではなく，たとえば回帰モデルやロジスティック回帰モデルにも応用できる一般的なモデルの総称です．ここでは階層ベイズ・モデルの説明の例として，マーケティング・モデルを始め，多くの分野で使われる計量モデルの基礎である次の線形回帰モデルを利用します．

$$y_i = X_i\beta_i + e_i, \quad e_i \sim N_m(\mathbf{0}, \sigma_i \mathbf{I}_m) \tag{7.2}$$

ここで，y_i は個人 i の m 次の基準変数ベクトルで，説明や予測をしたい対象になります．また X_i は $m\times p$ の説明変数行列です．この2つはデータとして得られています．そして β_i が推定する個人別に異なる p 次の偏回帰係数パラメータです．これを個人別のデータから推定しようとすると不安定になる問題がありました．この不確実性をプールするために，β_i の事前分布に情報を入れる階層ベイズ・モデルを使います．

　また σ_i は正規分布に従う誤差項 e_i の分散パラメータです．これも推定するパラメータなのですが，話がややこしくなるので階層ベイズ・モデルを使うのは β_i のみとして，σ_i に関しては不確実性をプールせず階層ベイズを使わないで推定することにします．$\mathbf{I}_m$ は $m\times m$ の単位行列（対角成分が1で，それ以外が0の行列）で，すなわち誤差項 e_i の各ベクトル成分は確率的に無相関と仮定をします．

　後で説明する評定型のコンジョイント・モデルを例に説明をすると，y_i は個人 i の m 個のモノ[4]への選好度を表すデータ，また X_i はそれぞれのモノの価格やスペックを表すデータになります．そして β_i が個人別に異なる推定パラメータで，たとえば説明変数が価格ならば個人によって異なる価格感度と解釈することができます．マーケティング的な例では，説明変数である価格を変化させたときに，どれくらい選好度が変わるかに興味がある場合などにこのモデルが使われます．

　次に事前情報を使って「平均に寄せる」ということを，モデル化します．
(7.1) 式を数式で表すと次のように書くことができます．

---

[4] モノというのは，製品やサービス，あるいはブランドなどを指します．

$$\boldsymbol{\beta}_i = \boldsymbol{h} + \boldsymbol{d}_i, \qquad \boldsymbol{d}_i \sim N_p(\boldsymbol{0}, \boldsymbol{V}) \tag{7.3}$$

ここで $\boldsymbol{\beta}_i$ は，先ほど述べた（7.2）式の「個人別のパラメータ」に対応します．$\boldsymbol{h}$ は「全体の平均」に当たります．$\boldsymbol{d}_i$ は「個人の特性」に対応します．$\boldsymbol{\beta}_i$ は p 次のベクトルだったので，$\boldsymbol{h}$ と $\boldsymbol{d}_i$ も p 次のベクトルになります．$\boldsymbol{d}_i$ は確率的に決定され，そのバラつき具合は推定されるパラメータである分散共分散行列 $\boldsymbol{V}$ によって決まります．

また先ほどは，平均に寄って修正してくれるといいましたが，さらに拡張して，そこに情報を追加することが可能です．たとえば男性と女性では，偏回帰パラメータが異なると考えるならば，それをモデル化することが可能です．通常のマーケティングのデータではアンケート・データにせよ購買履歴データにせよ，性別や年齢などデータが個人のデータとして得られていることが多いと思います．それを（7.3）式のモデルに入れ込んで，次のようにします．

$$\boldsymbol{\beta}_i = \boldsymbol{h} + \boldsymbol{F}\boldsymbol{z}_i + \boldsymbol{d}_i, \qquad \boldsymbol{d}_i \sim N_p(\boldsymbol{0}, \boldsymbol{V}) \tag{7.4}$$

ここで新たに追加された $\boldsymbol{F}\boldsymbol{z}_i$ の項ですが，$\boldsymbol{z}_i$ は，データとして得られているデモグラフィック変数などの個人 i の r 次の特性変数ベクトル，$\boldsymbol{F}$ は推定される $p \times r$ のパラメータ行列になります．つまりは偏回帰係数を基準変数として，さらに回帰分析をしているイメージになります．$\boldsymbol{F} = \boldsymbol{O}$ とすれば，（7.3）式になりますので（7.4）式は（7.3）式の一般化といえます．このように階層ベイズ・モデルでは従来のモデルと比較して，様々な情報をモデルに追加してモデリングを行うことが可能です．

階層ベイズ・モデルの「階層」とは，個人別のパラメータ $\boldsymbol{\beta}_i$ に（7.4）式や（7.3）式のように潜在的な構造があることからきています（図7.3）．

さらにパラメータの推定結果が，ベイズ推定では分布の表現になっていることも重要な点です．通常の推定法であるとパラメータの値は点推定値，すなわち値が一点に決まっています．しかしデータが少ない状況下で，一点に決めるのは危険です．一方，ベイズ流の考えだと，結果は事後分布で表されるので，一点に値を決めなくてもよいことになります．この性質は予測などの際に，パラメータ推定の不確実性を考慮してくれるなど都合がよいことといえます．しかし実務上では，パラメータが分布形式で表現されていては扱いづらいので，事後分布の平均やモードなどの代表値を使って，一点に決めた値を分析結果の報告に利用していることが多いようです．ここでも話を単純化するために，ま

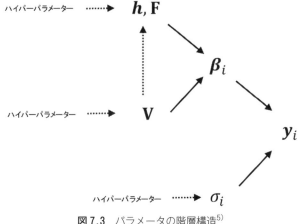

図7.3 パラメータの階層構造[5]

た通常の推定法である点推定値と比較するために，分析結果としては代表値として事後分布の平均を利用します．

階層ベイズ・モデルの考え方は，最初はとっつきにくいかもしれませんが，ここで述べたように多くの実務的な利点があるといえます．また様々な応用ベイズ・モデルの基礎になっており，この概念を理解しておくと，自分で実際に新しいモデルを作る際に，見通しがよくなります．

7.2 階層ベイズ・モデルの事後分布

ベイズ推定のアウトプットは，これまでも学んできたように事後分布です．上記で紹介した階層ベイズ・モデルの事後分布の計算の理解には，多変量正規分布の確率密度関数の性質やクロネッカー積などの線形代数の知識などが必要になり，また表記がとても複雑になってしまいます．実はそのような計算方法は実務上ではそこまで重要ではありません．具体的な計算自体は，ソフトウェアに任せることが可能であるし，それよりベイズ推定はベイズの定理を利用した一貫した推論方式であることを理解すること，またなぜ事後分布の数値計算に（手計算ではなくて）MCMC法などのテクニカルな乱数法が必要になるの

---

5) 実線がこれまで説明してきた構造で，点線は実際の推定の際に組み込んだ構造です．

かを理解する方が重要です．ここでは具体的な確率密度関数による詳細な記述を避けて，概念的な階層ベイズ・モデルの事後分布を紹介し，ベイズ・モデルの理解を深めましょう．

まずベイズ推定の際に必要なものは，どんな場面でも一貫して尤度関数と事前分布です．階層ベイズ・モデルでもそれは同様です．(7.2)式において，データは $\{y_i, X_i\}$ でした．またパラメータは $\{\beta_i, \sigma_i\}$ でした．すると個人 i の尤度関数を次のように書くことができます[6]．

$$f(y_i|\beta_i, \sigma_i, X_i) \tag{7.5}$$

ここでの意味は，データ $\{y_i, X_i\}$ が与えられた下でのパラメータ $\{\beta_i, \sigma_i\}$ のもっともらしさを示します．また β_i と σ_i の事前分布ですが，それぞれ独立と仮定します．(7.4)式から次のようになります．

$$f(\beta_i|h, F, V, z_i) \times f(\sigma_i) \tag{7.6}$$

通常のモデルはこれで事後分布を求めますが，階層ベイズ・モデルはこれで終わりでなくて，(7.6)式の中でのパラメータ $\{h, F, V\}$ に関して事前分布をさらに付け加えてやります．そこでその事前分布を次のように設定します．

$$f(h, F, V) \tag{7.7}$$

これで事後分布の導出に必要なものは揃いました．事後分布はこれらを掛け合わせたものに比例するものなのですが，通常のベイズ推定と異なるのはパラメータである β_i と σ_i はサンプル間で異なる値を持つことです．よって推定するパラメータはサンプル・サイズの分だけあるということです．ここではサンプル・サイズ分 $(i=1,\cdots,n)$ のパラメータの集合を $\{\beta_i\}$ と $\{\sigma_i\}$ と表記します．また同様にデータの集合を $\{y_i\}$，$\{X_i\}$ と $\{z_i\}$ とします．するとすべてのパラメータの事後分布は，次のようになります．

$$\begin{aligned}f(\{\beta_i\}, &\{\sigma_i\}, h, F, V | \{y_i\}, \{X_i\}, \{z_i\}) \\ &\propto \prod_{i=1}^{n} f(y_i|\beta_i, \sigma_i, X_i) \times f(\beta_i|h, F, V, z_i) \times f(\sigma_i) \\ &\quad \times f(h, F, V)\end{aligned} \tag{7.8}$$

これがすべてのパラメータの事後分布です．個人別のパラメータの事前分布があり，さらにそのパラメータの事前分布があるという階層構造になっているこ

---

[6] e_i がないと思うかもしれませんが，$e_i = y_i - X_i \beta_i$ なので，y_i，X_i と β_i があれば e_i は自動的に決まってしまいます．

とを理解しましょう．このプロセスを理解すれば，この章で紹介した線形回帰モデル以外の階層ベイズ・モデル（たとえばポアソン回帰モデルやロジスティック回帰モデル）を構築する際に役立つでしょう．

さて（7.8）式はすべてのパラメータを合わせた事後分布でした．それを同時事後分布と呼びます．実務的にはそのままでは使えないので，この同時事後分布から，各パラメータの事後分布を求めたいはずです．この各個人別のパラメータの分布を周辺事後分布と呼びます．その方法はどのようにすればよいでしょうか．理論的な答えは興味があるパラメータ以外のパラメータで積分して消してしまうことです．しかしそれを可能にするには場合によっては何千，何万回の積分計算を行わなくてはなりません．このことが（根本的な推測統計に対する概念の違いというより計算上の都合で）これまでベイズ統計学の利用が応用上で避けられていた理由です．そのようなことは手計算ではもちろん通常の数値計算法では不可能です．しかし MCMC 法を使うとわざわざ積分計算をしなくても，それらの周辺事後分布を求めることができます．積分計算の負荷を考えれば，MCMC 法の乱数発生による周辺事後分布の計算方法がとても画期的だったことがわかると思います．それでは次に実際に階層ベイズ・モデルを使った分析の実例を示します．

7.3　コンジョイント分析

現在の日本は，高齢化社会を迎え，医療費が財政を圧迫しているといわれています．そこで国民の人生をいかに健康に送らせるかが政府の喫緊の課題の1つになっています．ここでは地方自治体が健康増進プログラムを作ることを想定して，階層ベイズ・モデルを使った分析を行いましょう．製品・サービスの具体的な内容を決定するのに，マーケティングはじめ実務上ではよく**コンジョイント分析**が使われます[7]．具体的な運動の内容や参加費をどうするのかを決める際にコンジョイント分析を使うことができます．階層ベイズ・モデルによる分析をする前に，このコンジョイント分析について説明しましょう．

コンジョイント分析は，通常は質問紙を使った調査でデータを取得します．

7）コンジョイント分析の歴史と手法については次の書籍に詳しい解説があります．朝野熙彦（2012）『マーケティング・リサーチ』講談社．PP.85-118.

表7.1 属性・水準表

	水準1	水準2	水準3	水準4
健康増進プランのメニュー	筋力トレーニング	ストレッチ体操	ダンス	ヨガ
個人トレーナーの有無	あり	なし		
プログラムの時間	30分間	60分間	90分間	120分間
4回計の参加費	1000円	1500円	2000円	2500円

今回は健康増進プログラムを分析例に使うのですが,数式を使った説明をする前に具体的に分析に使う質問紙のイメージで説明をします.コンジョイント分析をする際に,実施上で重要な用語の説明をしましょう.それは**属性**(attributes)と**水準**(levels)という概念です.属性とは製品・サービスの要素で,水準とはその要素の具体的な候補です.属性に{健康増進プランのメニュー,個人トレーナーの有無,プログラムの時間,4回計の参加費}を設定します.また水準には,「健康増進プランのメニュー」の属性として,{筋力トレーニング,ストレッチ体操,ダンス,ヨガ},「個人トレーナーの有無」として{あり,なし}などを設定します.ここで使う属性・水準をまとめたものを表7.1に示します.

これらの属性・水準を組み合わせて仮想的な健康増進プログラムを作成します.それらを**プロファイル**(profiles)と呼びます.このプロファイルを調査対象者に評価してもらうのですが,この場合の組み合わせは,4×2×4×4=128通り存在します.これらをすべて調査対象者に評価してもらうのは,数が多いので非常に困難です.そこで通常,直交配列表と呼ばれるものを利用して,効率的に絞り込まれたプロファイルの集合を作り出します.こうして作ったプロファイルを表7.2にまとめておきます.ここでは,直交配列表を使って16個のプロファイルを作成します.

そして,このプロファイルを対象者に好きな度合いで評価してもらいます.そのプロファイルの好きな度合いをコンジョイント分析では**選好度**(preference)といいます.この選好度の評価方法には様々なバリエーションがあります.具体的には,a) 評定法,b) 順序法,c) 選択法,d) 一対比較法という方法があり,ここではさきほど説明した(7.2)式の通常の線形回帰モデルの応用である a) 評定法を利用します.評定法とは提示したプロファイルに対して,「参加したい」,「買いたい」,または「好きである」などの選好度を

表7.2 プロファイルの一覧

	属性1 メニュー	属性2 個人トレーナー	属性3 時間	属性4 参加費
プロファイル1	筋力トレーニング	あり	30分間	1000円
プロファイル2	筋力トレーニング	あり	60分間	1500円
プロファイル3	筋力トレーニング	なし	90分間	2000円
プロファイル4	筋力トレーニング	なし	120分間	2500円
プロファイル5	ストレッチ体操	あり	60分間	2000円
プロファイル6	ストレッチ体操	あり	30分間	2500円
プロファイル7	ストレッチ体操	なし	120分間	1000円
プロファイル8	ストレッチ体操	なし	90分間	1500円
プロファイル9	ヨガ	あり	90分間	1000円
プロファイル10	ヨガ	あり	120分間	1500円
プロファイル11	ヨガ	なし	30分間	2000円
プロファイル12	ヨガ	なし	60分間	2500円
プロファイル13	ダンス教室	あり	120分間	2000円
プロファイル14	ダンス教室	あり	90分間	2500円
プロファイル15	ダンス教室	なし	60分間	1000円
プロファイル16	ダンス教室	なし	30分間	1500円

5~10段階のスケールで評価してもらう方法です．この選好度データは厳密にいうと離散型変数ではありますが，疑似的に連続型変数と見なして，(7.2)式における y_i として分析を行います．

このコンジョイント分析を行うと何が分かるのかというと，各属性・水準の重要度を把握することができます．それをコンジョイント分析では**部分効用**（part-worth utilities）と呼びます．これがコンジョイント分析における推定パラメータであり，(7.2)式における β_i に当たります．実際には推定パラメータには切片を含みますので，個人ごとの推定パラメータは，{{切片}, {筋力トレーニングの部分効用，ストレッチ体操の部分効用，ダンスの部分効用，ヨガの部分効用}, {トレーナーありの部分効用，トレーナーなしの部分効用}, {30分の部分効用，60分の部分効用，90分の部分効用，120分の部分効用}, {1000円の部分効用，1500円の部分効用，2000円の部分効用，2500円の部分効用}} の計15個になります（しかし後に説明しますが，実際に推定する偏回帰係数パラメータの数は，11個になります）．

この水準ごとの部分効用が分かれば，{ダンス，トレーナーあり，60分，1500円}を考えたとき，(実際の質問にはなくても) それらの部分効用と切片を足し合わせれば，プランの選好度（全体効用）の予測値が分かります．このようにコンジョイント分析を行うと，様々なプランニングの際に役立たせることが可能になります．

コンジョイント分析では，直交配列表を使って効率よくプロファイルを作成しても個人別にするとデータは少なく，一方推定するパラメータは多いので，先ほど述べた階層ベイズ・モデルがよく使われます．そこで (7.2) 式の線形回帰モデルを使った表現の説明をしましょう．評定法を使ったモデルでは，y_i が実際に調査対象者にプロファイルを評価してもらった選好度データ，X_i がプロファイルの属性・水準を表す既知のデータになります．そしてここで推定するのが β_i で，個人別に異なる部分効用のパラメータになります．

次に直交配列表から作成したプロファイルの集合を，説明変数行列 X_i に変換します．一見すると表7.2のプロファイルの属性に番号を付けて，そのまま説明変数に使えばいいのではと思うかもしれません．しかし属性・水準のデータは通常名義尺度なので，そのままでは使えません．そこで0か1をとるダミー変数というものを利用します．たとえば{個人トレーナーの有無}は，{あり，なし}の2水準ですが，{あり}の場合には{1}，{なし}の場合は{0}をとるような変数を説明変数とします．2水準の場合は簡単ですが，{時間}のように4水準の場合はどうでしょうか．その場合はダミー変数を3個使い，(1) 30分の場合は{1,0,0}，(2) 60分の場合は{0,1,0}，(3) 90分の場合は{0,1,0}，(4) 120分の場合は{0,0,0}とします．より一般的に言うと，k 水準の場合は $k-1$ 個のダミー変数を利用します．ここで表7.2を具体的にダミー変数の行列で表してみると次のようになります．

$$X_i = \begin{pmatrix} 1 & 1 & 0 & 0 & 1 & 1 & 0 & 0 & 1 & 0 & 0 \\ 1 & 1 & 0 & 0 & 1 & 0 & 1 & 0 & 0 & 1 & 0 \\ 1 & 1 & 0 & 0 & 0 & 0 & 0 & 1 & 0 & 0 & 1 \\ 1 & 1 & 0 & 0 & 0 & 0 & 0 & 0 & 0 & 0 & 0 \\ 1 & 0 & 1 & 0 & 1 & 0 & 1 & 0 & 0 & 0 & 1 \\ 1 & 0 & 1 & 0 & 1 & 1 & 0 & 0 & 0 & 0 & 0 \\ 1 & 0 & 1 & 0 & 0 & 0 & 0 & 0 & 1 & 0 & 0 \\ 1 & 0 & 1 & 0 & 0 & 0 & 0 & 1 & 0 & 1 & 0 \\ 1 & 0 & 0 & 1 & 1 & 0 & 1 & 0 & 1 & 0 & 0 \\ 1 & 0 & 0 & 1 & 1 & 0 & 0 & 0 & 0 & 1 & 0 \\ 1 & 0 & 0 & 1 & 0 & 1 & 0 & 0 & 0 & 0 & 1 \\ 1 & 0 & 0 & 1 & 0 & 0 & 1 & 0 & 0 & 0 & 0 \\ 1 & 0 & 0 & 0 & 1 & 0 & 0 & 0 & 0 & 0 & 1 \\ 1 & 0 & 0 & 0 & 1 & 0 & 0 & 1 & 0 & 0 & 0 \\ 1 & 0 & 0 & 0 & 0 & 0 & 1 & 0 & 1 & 0 & 0 \\ 1 & 0 & 0 & 0 & 0 & 1 & 0 & 0 & 0 & 1 & 0 \end{pmatrix} \quad (7.9)$$

（列ラベル：切片、メニュー、個人トレーナー、時間、参加費）

その結果，推定する部分効用パラメータ β_i の数は，X_i の列数に一致して，11 個になります．この行列を説明変数として分析を行います．しかし 2 つの疑問が思い浮かぶかもしれません．まず「{メニュー} の {ダンス教室} の場合は {0,0,0}」と設定しましたが，それでは {ダンス教室} の部分効用は？，他にも {個人トレーナーなし}，{120 分}，{2500 円} の部分効用は？ と思うかもしれません．それはすべて 0 としてあります．勝手にそんな数値を決めてしまってもよいのか？ と思うかもしれませんが，先に言っておくと大丈夫です．

なぜこのようなことを行わなければならないのかというと，それは β_i の値を，一意に決めたいからです．素直にダミー変数を水準数使えばいいじゃないかと思うかもしれません．簡単な例として，1 属性 4 水準の例を出します．もし 4 水準で 4 つダミー変数を使うと，切片を含めて次の組み合わせが出てきます．

$$X_i\beta_i = \begin{pmatrix} 1 & | & 1 & 0 & 0 & 0 \\ 1 & | & 0 & 1 & 0 & 0 \\ 1 & | & 0 & 0 & 1 & 0 \\ 1 & | & 0 & 0 & 0 & 1 \end{pmatrix} \begin{pmatrix} \beta_{i0} \\ \beta_{i1} \\ \beta_{i2} \\ \beta_{i3} \\ \beta_{i4} \end{pmatrix} \quad (7.10)$$

たとえば，この数字に全く意味はないですが，$\beta_i=(1,-1,1,2,2)'$ としてモデルを作るとしましょう．すると $X_i\beta_i=(0,2,3,3)'$ となります．それでは $\beta_i=(-1000,1000,1002,1003,1003)'$ や $\beta_i=(56.3,-56.3,-54.3,-53.3,-53.3)'$ ではどうでしょうか？答えは同じで $X_i\beta_i=(0,2,3,3)'$ となります．実は $\beta_i=(1,-1,1,2,2)'$ に対して，結果が同値になる β_i が無限通りあることに気付くと思います．これでは推定をして β_i の値を決めたいときに，とても都合が悪いことになります．この解を一意に決められない問題を，統計モデル上では**識別性の問題**といいます[8]．この問題に対処するために属性の1つを0にしてやる，ここでは $\beta_{i4}=0$ とすると，他の β_i の値，すなわち $(\beta_{i0},\beta_{i1},\beta_{i2},\beta_{i3})'$ の値を一意に決めることができます．その場合は (7.10) 式において β_{i4} とそれに対応する列を削除して，次のように表現します．

$$X_i\beta_i = \begin{pmatrix} 1 & | & 1 & 0 & 0 \\ 1 & | & 0 & 1 & 0 \\ 1 & | & 0 & 0 & 1 \\ 1 & | & 0 & 0 & 0 \end{pmatrix} \begin{pmatrix} \beta_{i0} \\ \beta_{i1} \\ \beta_{i2} \\ \beta_{i3} \end{pmatrix} \quad (7.11)$$

たとえば，$(\beta_{i0},\beta_{i1},\beta_{i2},\beta_{i3})'=(1,2,3,4)'$ の場合，$X_i\beta_i=(3,4,5,1)'$ となりますが，先ほどとは異なり，違う組み合わせの β_i は存在しません．ここで各パラメータを解釈すると，(7.11) 式から切片 β_{i0} は，水準4の効用と解釈できます．健康増進プログラムの例だと，切片は {ヨガ，トレーナーなし，120分，2500円} を組み合わせた場合の効用になっています．また β_{i1} と β_{i2} と β_{i3} は，β_{i0} との差を表します．つまりは，水準1と水準3，水準2と水準3の差を表すパラメータになります．すなわちモデル上の部分効用は，ベースとした水準に対しての相対的な差の効用を示すことになります．

次の疑問点として，0と仮定する水準（ベース）を最後の水準にしました

---

[8] 構造方程式モデリングなどの潜在変数モデルを扱ったことのある方は，係数を1に固定するなどの操作をご存知かもしれませんが，それも識別性の問題で固定しています．

が，他の水準をベースにしてもよいのかという疑問があるかもしれません．健康増進プログラムの例だと，メニューの属性に対して，{ヨガ}ではなくて，{ストレッチ体操教室}をベースにしてもよいのかと思うかもしれません．先ほど述べたように，部分効用は水準間の相対的な差を表すものなので，どちらをベースにしてもその差は基本的には変わりません．ここでは便宜上最後の水準を 0 にしています．

この節では，ベイズ統計学から少し離れて，ダミー変数を使ったコンジョイント分析の表現を説明しました．ダミー変数を用いた表現は，コンジョイント分析特有のものではなく，実験計画法や回帰モデルでカテゴリカル変数を使う際よく利用されます．モデリングの際によく使われる手法ですので覚えていても損はないはずです．

7.4 Rによるモデルの推定

ベイズ推定のアウトプットは事後分布であり，MCMC 法など乱数法を使った手法を用いることが多いのですが，実際にはどのように計算すればよいのでしょうか．1 から汎用的なプログラムを使って計算するのは，実務的に非常に手間がかかってしまいます．ここではベイズ統計学を使ったマーケティング分析のための R のパッケージである bayesm を利用した方法を紹介します．その中で階層ベイズの線形回帰モデルを，6 章で紹介した MCMC 法の 1 つであるギブス・サンプリングで推定する rhierLinearModel を使えば，比較的素早く計算することができます．

さて階層ベイズ・モデルには，先ほど説明したように全体の平均を個人の偏回帰係数パラメータの事前分布に利用する (7.3) 式のタイプと，デモグラフィック変数などの情報を入れ込む (7.4) 式のタイプがあります．ここではより一般的なモデルである (7.4) 式のタイプを利用して次のモデルを使うことにします．

$$\beta_i = h + f_1 \times 性別 + f_2 \times 年齢 + d_i, \qquad d_i \sim N_{11}(\mathbf{0}, \mathbf{V}) \qquad (7.12)$$

ここで**性別**の変数は，男性ならば 0，女性ならば 1 をとるダミー変数です．もし男性と女性で違いがあるならベクトル f_1 の各成分は 0 ではない値をとるはずです．**年齢**は，対象者の年齢そのものを利用します．

ベイズ統計学を使った分析では，パラメータ $\{\{\sigma_i\}, \boldsymbol{h}, \boldsymbol{f}_1, \boldsymbol{f}_2, \boldsymbol{V}\}$ に対して，事前分布を設定しなくてはなりません．ここでは，ギブス・サンプリングを利用するために，条件付き事後分布が自然共役分布となるような設定をします（章末コラム参照）．$\{\sigma_i\}$ に対しては逆カイ二乗分布，$\boldsymbol{h}, \boldsymbol{f}_1, \boldsymbol{f}_2$ に対しては多変量正規分布，$\boldsymbol{V}$ に対しては逆ウィシャート分布を事前分布に設定します．またそれらのハイパーパラメータには分析者の恣意が小さいもの，すなわち事前分布の分散が大きくなるようなものを利用します[9]．

次に分析に使うデータの説明をしましょう．調査時期は 2015 年 4 月，調査方法は日本リサーチセンターのサイバーパネルによる WEB 調査で，全国の 20～69 歳の男女を対象にしています．サンプル・サイズは 716 です．データは，基準変数である選好度データ（図 7.4），説明変数であるプロファイルデータ（図 7.5），そしてパラメータを説明する性別・年齢の属性データ（図 7.6）の 3 種類があります．

この 3 種類のデータを次のように R に読み込ませて，分析を行います．

図 7.4 選好度データ .csv

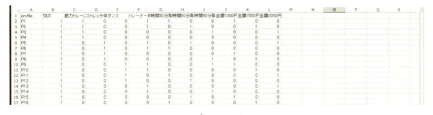

図 7.5 プロファイル .csv

---

9) ここでは，`rhierLinearModel` のデフォルトのハイパーパラメータを利用します．

140　第7章　階層ベイズ・モデルでコンジョイント分析

図7.6 性別・年齢データ.csv

```
### 作業フォルダの指定（データを入れておく）
#Rの場合，フォルダの階層の区切りが"¥"ではなく"/"になるので注意！
setwd("C:/xxxxxxxxxx")# 分析者が指定する

### データの読み込み
# 先ほど指定した場所にデータがあるとする
# 先にデータ・フレーム形式から行列形式にしておく
Y <- as.matrix(read.csv(" 選好度データ.csv",row.names=1))# 選好度データ
X <- as.matrix(read.csv(" プロファイル.csv",row.names=1))# プロファイルデータ
Z <- as.matrix(read.csv(" 性別・年齢データ.csv",row.names=1))# 性別・年齢データ
```

次に，rhierLinearModel で分析できるようにデータをリスト形式に変換します．

```
### データを rhierLinearModel で読めるように整形する
# 個人別のデータのリストを作り，さらにリストオブジェクトの regdata に入れる
regdata <- list()# 空のリスト
for(i in 1:nrow(Y)) {# サンプル・サイズ分の繰り返し
  dat_i <- list()# 空のリスト
  dat_i$X <- X# プロファイル
  dat_i$y <- Y[i,]# 選好度データ
  regdata[[i]] <- dat_i# データを入れる
}
dat <- list(regdata=regdata,Z=Z)# データの結合
```

そして，パッケージ bayesm を呼び出し，分析を行います．もしインストールをしていない場合は，ネットを使える環境で install.packages を使ってインストールしてください．そして rhierLinearModel で分析を行います．分析では MCMC の回数を指定するのですが，今回は 50000 回繰り返し，10回に1回その乱数を採取します[10]．その結果をオブジェクト out に入れます．

7.4 Rによるモデルの推定

```
### ギブス・サンプリングの実行
#bayesm を呼び出す
#install.packages(bayesm)# インストールしていない場合は，インストールする
library(bayesm)
#MCMC の回数の指定
R <- 50000#50000 回を指定
keep <- 10# 乱数を 10 回に 1 回とる
# 計算の実行開始（数分時間がかかる）またメモリの利用量が大きくなるので注意！
# 事前分布はデフォルトのまま　詳細はヘルプで (?rhierLinearModel)
out <- rhierLinearModel(Data=dat,Mcmc=list(R=R,keep=keep))
```

時間は数分かかるかもしれませんが，エラーが出なければ，分析は成功です．

分析した結果は，事後分布の乱数列のリストになります．これを事後平均（乱数列の算術平均）などにまとめて分析結果の解釈をします．そのためにR上で先に初期値に依存する部分を捨てる[11]などの設定をします．

```
### 結果をみるための準備
# 乱数を使う範囲の定義，最初の 10 分の 1 は捨てる (burn-in)
# 今回は 5000 の乱数で最後の 4500 個の乱数を推定に利用する
rng <- (R/keep/10+1):(R/keep)
```

まず偏回帰係数パラメータで表される部分効用に影響しているデモグラフィック属性は何かを理解するために，(7.11) 式の $\{h, f_1, f_2\}$ の推定結果を見ましょう．そのために次のコマンドをR上に打ち込みます．結果をR上で見るのはわかりづらく，実務的には数値をまとめるときには Excel を使うことが多いと思うので，結果のまとめを Excel で見ることのできる CSV 形式のファイルにします．それを作業フォルダ（getwd() で調べられる）に作成するようにしています．

```
### 後で使う設定
#x の水準の区切りを指定（切片，メニュー 3 水準，トレーナー 1 水準，時間 3 水準，金額 3 水準）
att <- c(1,3,1,3,3)
# 水準の名前
```

---

[10] MCMC 法による乱数サンプルは，独立ではないので，少し間引きをしています．この場合は各パラメータについて 5000 個の乱数サンプルを採取します．

[11] このことを burn-in といいます．

```
lev <- c(" 切片 ",
        " 筋力トレーニング "," ストレッチ体操 "," ダンス "," ヨガ ",
        " あり "," なし ",
        "30 分間 ","60 分間 ","90 分間 ","120 分間 ",
        "1000 円 ","1500 円 ","2000 円 ","2500 円 ")

###h,f1,f2 のサマリー
# 事後平均の計算
hF <- t(matrix(colMeans(out$Deltadraw[rng,]),ncol(Z),ncol(X)))
# 正負の検定
hF_sign0 <- t(matrix(colMeans(out$Deltadraw[rng,]>0),ncol(Z),ncol(X)))
hF_sign <- ifelse(hF_sign0>0.99,"++",ifelse(hF_sign0>0.95,"+",
ifelse(hF_sign0<0.01,"--",ifelse(hF_sign0<0.05,"-",""))))
# 結果のマージ
hF_sum <- matrix(rbind(hF , hF_sign),nrow=ncol(X))
# ベースの効用を入れる
hF_sum1 <- hF_sum[1,]
for(k in 2:length(att)) {# 属性の数分繰り返す
  hF_sum1k <- rbind(hF_sum[(sum(att[1:(k-1)])+1):sum(att[1:k]),],
                    rep(c(0,"*"),ncol(Z)))
  hF_sum1 <- rbind(hF_sum1, hF_sum1k)
}
# 行と列に名前をつける
colnames(hF_sum1) <- as.vector(rbind(colnames(Z)," 検定 "))
rownames(hF_sum1) <- lev
# 現在の作業フォルダに csv を出力
write.csv(hF_sum1,"hF.csv")
```

出力結果を少し加工した $\{h, f_1, f_2\}$ の事後平均で表した推定結果を表 7.3 に示します．

ここで，属性データの **切片** の列は（7.12）式において h，**性別** の列は f_1，**年齢** の列は f_2 に対応します．この表を使うと，性別と年齢が分かれば，（コンジョイント分析用のデータをとっていなくても）その個人の効用の期待値が分かります．たとえば，「筋力トレーニング」の場合は，次のようになります．

筋力トレーニングの効用の期待値＝ $0.424 - 0.978 \times$ 性別 $+ 0.007 \times$ 年齢

(7.13)

結果を解釈しやすいように，各属性中のベースとなる水準に 0（固定されたパラメータ）を入れてあります．**性別** ですが，これは男性ならば 0，女性ならば 1 をとるダミー変数でした．**性別** の列で，「メニュー」において，「筋力トレーニング」，「ストレッチ体操」，「ダンス」がマイナスになっていますが，部分効

表 7.3 h, f_1, f_2 の事後平均

		属性データ		
		切片 h	性別 f_1	年齢 f_2
	切片	2.953 ++	1.009 ++	-0.002
メニュー	筋力トレーニング	0.424 ++	-0.978 --	0.007 +
	ストレッチ体操	-0.278 -	-0.530 --	0.016 ++
	ダンス	0.069	-0.261 --	-0.011 --
	ヨガ*	0.000 *	0.000 *	0.000 *
トレーナー	あり	0.099	0.113 ++	0.001
	なし*	0.000 *	0.000 *	0.000 *
時間	30分間	-0.214 -	-0.206 --	0.005 ++
	60分間	-0.064	-0.016	0.003 +
	90分間	-0.091	-0.028	0.002
	120分間*	0.000 *	0.000 *	0.000 *
金額	1000円	0.431 ++	0.304 ++	-0.001
	1500円	0.236 ++	0.168 ++	0.001
	2000円	-0.033	0.065	0.003 +
	2500円*	0.000 *	0.000 *	0.000 *

* … ベースとなる水準で、値は0に固定
++ … 99%以上で正のパラメータ、+ … 95%以上で正のパラメータ
-- … 99%以上で負のパラメータ、- … 95%以上で負のパラメータ

用はベースの効用との相対的な「差」を表すもので，この交互作用はその「差」が大きくなるか小さくなるかを示すものです．これはデモグラフィック属性と水準との交互作用を表します．たとえば男性50歳の場合の「筋力トレーニング」の部分効用の平均は0.751（＝0.424＋0.0065×50）ですが，女性50歳の場合は，それから0.978を引いて−0.228になり，逆にヨガより部分効用が小さくなります．

また**性別**の列の切片が1.009となっており，女性の方が切片の効用が高いので，平均的に，この健康プログラムに関心が高いといえるでしょう．さらには「金額」の部分で値がプラスになっていますが，たとえば，男性50歳の場合は，{1000円，1500円，2000円，2500円} の平均的な部分効用は，{0.400, 0.290, 0.129, 0.000}，女性50歳の場合は，{0.704, 0.458, 0.195, 0.000}

表7.4 部分効用の結果例

		部分効用		属性内の平均	平均偏差化した部分効用	
	切片	3.729			4.494	→平均の合計を足す
メニュー	筋力トレーニング	0.438		0.049	0.389	属性内の合計は0
	ストレッチ体操	-0.260			-0.310	
	ダンス	0.020			-0.030	
	ヨガ	0.000	*		-0.049	
トレーナー	あり	0.808		0.404	0.404	
	なし	0.000	*		-0.404	
時間	30分間	-0.020		0.017	-0.037	
	60分間	0.079			0.062	
	90分間	0.009			-0.008	
	120分間	0.000	*		-0.017	
金額	1000円	0.587		0.294	0.293	
	1500円	0.481			0.187	
	2000円	0.107			-0.187	
	2500円	0.000	*		-0.294	

各水準から平均を引く

＊ … ベースとなる効用，値は0に固定

となり，女性の方が男性に比べて，価格感度が高いことになります．

このように（7.4）式のようにデモグラフィック変数などの属性データを利用するアプローチは，まず係数の解釈をすることでプロファイリングができる点と，属性データさえあれば，部分効用のパラメータの（平均的な）予測ができる利点があります．たとえば，データ上にはなくても平均的な女性45歳の部分効用の予測ができます．

次に部分効用のパラメータですが，それらは個人別で推定されます．例として，サンプル3の部分効用の事後平均を表7.4の左の方に示します．

表7.4から，サンプル3の方は，「筋力トレーニング」，「トレーナーあり」，「1000円」がベースの水準の部分効用より高いことがわかります．部分効用は，ベースの水準を0としたときの水準間の相対的な差を表すものでした．これを見やすくするために，平均偏差化を行うことが有効です．平均偏差化とは，属性内の平均をとって引く方法です．これをすることで，属性内の部分効用の大きさを簡単に把握することができます．ちなみに平均偏差化後の値は，ベースの水準をどれにしても基本的には同じ値になります．

個人別の平均偏差化した部分効用パラメータを求めるには，たとえば次のようにします．ここでのコマンドは，先ほどと同様に現在の作業ファイルに

CSV形式で結果を出力するようにしています．

```
# 部分効用のベイズ推定量（事後平均）
Beta_Bayes <- apply((out$betadraw)[,,rng],c(1,2),mean)# 個人別の事後平均の計算
# 各属性内で平均偏差化する
Beta_Bayes1 <- NULL# 空のオブジェクト
cons <- Beta_Bayes[,1]# 切片
for(k in 2:length(att)) {# 属性分繰り返す
  Beta_Bayes1k <- cbind(Beta_Bayes[,(sum(att[1:(k-1)])+1):sum(att[1:k])],0)
  rmBeta_Bayes1k <- rowMeans(Beta_Bayes1k)# 属性の個人別平均
  Beta_Bayes1 <- cbind(Beta_Bayes1,Beta_Bayes1k-rmBeta_Bayes1k)# 平均偏差化
  cons <- cons+rmBeta_Bayes1k# 差を切片に足す
}
# 各個人の平均偏差化された部分効用
Beta_Bayes1 <- cbind(cons,Beta_Bayes1)
# 現在の作業フォルダにCSVを出力
write.csv(Beta_Bayes1,"Beta.csv")
```

さてパラメータの数はサンプル・サイズ分あるので，ここにすべての結果を記述することはできません．そこで，記述統計的にグラフィカルに結果をまとめることにします．それを図7.7に示します．

図7.7は716人の部分効用の事後平均の分布を表しています．太線がサンプルの95%（716人×95%＝680人）が入る区間です[12]．また線の上の「×」はサンプル内の平均を表します．図7.7を見ると，4つの属性の中で，「メニュー」の水準の範囲が広い，つまりは個人差が大きいのがよく分かると思います．特に「ダンス」の個人差が大きいことが分かります．また他の3つの属性内の水準の差は大きくありません．「トレーナー」は，「あり」が若干多くなっていますが，大きな差はありません．「時間」は，「30分」は比較的に個人差が大きいですが，60分以上ならば，ほぼ0でそこまで変わりません．「価格」は安い方が全体的に好まれている傾向がわかります．

これは健康増進プログラムを作成する際には，メニューが最も重要であって，表7.3からたとえば「筋力トレーニング」を男性向けに，「ストレッチ体操」を高齢の女性向けにするなど，多くの人に参加してもらいたかったらメニューをどれか1つにするのではなく，複数のメニューを用意するなど対処が

---

[12] あくまでもサンプルの事後平均の分布であって，ベイズ推定におけるパラメータの信用区間とは，話が異なるので注意してください．

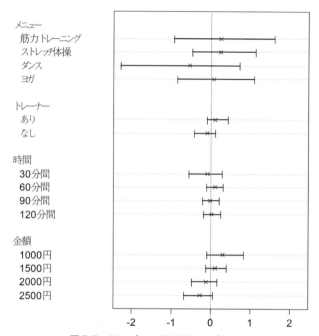

図7.7 サンプルの部分効用のプロット
＊各水準の×はサンプル内の平均を表す．また太線はサンプルの95%が入る区間を示す．

必要かもしれません．

これまでに階層ベイズ・モデルについて説明をしてきました．最後に通常の推定法と何が異なるのか，また通常の推定法より優れているのかを検証します．通常，線形回帰モデルを推定する際には**最小二乗法**（ordinary least squares）という手法を利用します．ここでは，ベイズ推定値と最小二乗法の推定値の比較を行うことにします．

最初に最小二乗法と，比較に使う予測の評価法について説明します．最小二乗法とは，次の式を偏回帰係数の推定値とする（点）推定法になります．

$$\widehat{\beta}_i = (X_i'X_i)^{-1}X_i'y_i \tag{7.14}$$

それでは，この最小二乗法とベイズ推定値はどれくらい違うでしょうか．それを散布図にして比べてみます．図7.8に，切片（β_{i1}），「筋力トレーニング」（β_{i2}），トレーナーの「あり」（β_{i5}），「1000円」（β_{i9}）の4つのベイズ推定量の事後平均と最小二乗法の推定値を示します．横軸にベイズ推定量の事後平均，縦

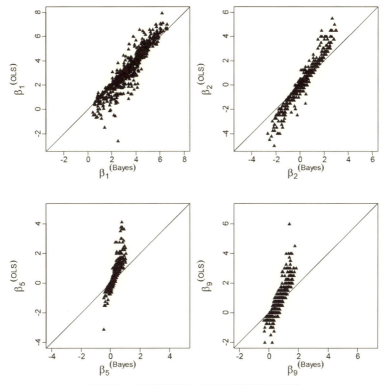

図 7.8 ベイズ推定値と最小二乗推定値の比較

軸に最小二乗法による推定値をプロットしています.

図 7.8 を見ると，ベイズ推定値と最小二乗法の推定値には正の相関がありますが，推定値の分布が縦軸の方に伸びているのが分かります．つまりはバラつき具合を比べると，最小二乗法の方が大きく，ベイズ推定値は小さいことが分かります．これによりベイズ推定値が，極端な値をとるのを回避していることが分かります．

次に予測の精度の比較をします．ベイズ推定では予測をする場合，予測分布という予測結果が分布であるものを使うのですが，ここでは点推定である最小二乗法による推定値と比較するために，事後平均を推定値とした簡便な方法で比較を行うことにします．

新しい説明変数ベクトル $x_i^{(new)}$ を使って，予測をしたい場合は，次のように

基準変数の予測値 $\hat{\boldsymbol{y}}_i$ を求めることができます.

$$\hat{\boldsymbol{y}}_i = \boldsymbol{x}_i^{(new)\prime}\hat{\boldsymbol{\beta}}_i \tag{7.15}$$

もし実際の新しい実測値データ $\boldsymbol{y}_i^{(new)}$ が得られた場合，予測の精度を定義することができます．その評価の方法には，様々な方法があるのですが，ここでは最も単純な方法である平均二乗誤差（mean aquared error：MSE）という方法を利用します．その式は次のようになります．

$$\text{MSE} = \frac{1}{n}\sum_{i=1}^{n}(\boldsymbol{y}_i^{(new)} - \hat{\boldsymbol{y}}_i)^2 \tag{7.16}$$

これは平均的な予測値と実測値の離れ具合（差の二乗）を示すものです．もし予測値が実測値と大きく異なってしまった場合は $(\boldsymbol{y}_i^{(new)} - \hat{\boldsymbol{y}}_i)^2$ は大きくなります．逆に予測値が実測値に近ければ $(\boldsymbol{y}_i^{(new)} - \hat{\boldsymbol{y}}_i)^2$ が 0 に近づきます．よってこの値が小さければよい推定を示すことになります．

この（7.16）式で表される MSE を使って，階層ベイズで推定したモデルと，最小二乗法で推定したモデルの比較をしてみましょう．ここでは，性別と年齢のデモグラフィック変数の情報がない（7.3）式の階層ベイズ・モデルも含めて，3つの推定法の比較を行いましょう．その設定ですが，次のようにします．まずプロファイルは16個でしたが，これを12個に減らして，残りの4個を予測してみます．すなわち表7.2の16個のプロファイルのうち，{プロファイル2, プロファイル6, プロファイル10, プロファイル13} の4つを取り除いた12個のデータで，取り除いたプロファイルを推定し比較を行います．その結果を表7.5に示します．

表7.5を見ると，2つの階層ベイズ・モデルのどちらとも，最小二乗法よりよいことが分かります．また性別・年齢ありの階層ベイズ・モデルと，性別・年齢なしの階層ベイズ・モデルは，あまり大きく変わりません．しかし，若干ながら平均的に性別・年齢ありの階層ベイズ・モデルの方がよいといえます．通常，アンケート調査にせよ，購買履歴データにせよほとんど付随している情報である性別・年齢などの基礎的な情報もモデルに取り込めたら，パラメータの推定の改善に役立つかもしれません．

この章では，ベイズ推定の応用として，階層ベイズ・モデルを紹介しました．さらにコンジョイント分析により実際のデータでその例を推定し，検証を

表 7.5 MSE の比較

	最小二乗法	階層ベイズ 性別・年齢なし	階層ベイズ 性別・年齢あり
プロファイル2のMSE	4.281	**1.319**	1.326
プロファイル6のMSE	4.196	**1.450**	**1.450**
プロファイル10のMSE	6.385	1.308	**1.285**
プロファイル13のMSE	4.666	1.443	**1.427**
4つの平均	4.882	1.380	**1.372**

*太字は、一番小さいものを表す

行いました．マーケティングを始め，現在の社会科学の分野では，多様性や個性を理解することが重要です．一方，得られるデータには限界があります．そこで（1）不確実性をプールでき，（2）事前分布に情報を入れることができる階層ベイズは，実用的な場面で非常に有効な統計モデリングの手段になります．

　ここではコンジョイント分析を，最も基礎的な線形回帰モデルを使ってモデリングしました．しかし先に述べたようにコンジョイント分析には，様々なバリエーションがあり，選択型の場合は線形回帰モデルの応用モデルである多項ロジット・モデルや多項プロビット・モデルといった離散選択モデルを使ってモデリングすることができます．その際にも，ここで述べた個人別の部分効用のパラメータに階層型の事前分布を仮定してモデリングをする手続きによって，ここで示したようにリスクを減らして分析をすることが可能です．

◆逆カイ二乗分布と逆ウィシャート分布◆

　逆カイ二乗分布は正規分布の分散パラメータの自然共役分布です．また逆ウィシャート分布はその多変量版として分散共分散行列パラメータの自然共役分布です．これらを事前分布として使うと数値計算としてギブス・サンプリングが利用できるため，実務的にこれらの分布が使われることが多いようです．これらの分布はそれらの用途以外に統計学ではあまり登場しません．もちろん他の分布を事前分布として利用しても構いません．ちなみに原義を述べると，逆カイ二乗分布はその名の通りカイ二乗分布の確率変数の逆数に従う分布です．下図左右の実線，破線，点線の分布がそれぞれ対応しています．

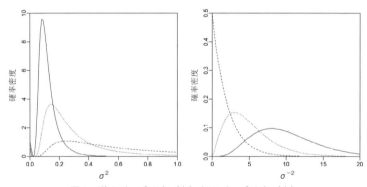

図1　逆カイ二乗分布（左）とカイ二乗分布（右）

　また逆ウィシャート分布は，グラフに表すと次のようになりますが，ウィシャート分布という確率変数の逆行列が従う分布であり，カイ二乗分布もウィシャート分布も正規分布に関連した分布です．

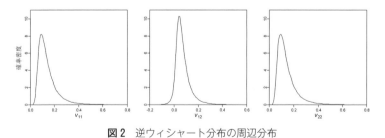

図2　逆ウィシャート分布の周辺分布

空間統計モデルで地域分析

　前章では，階層ベイズ・モデルを使ってユニット別のパラメータを求め，その良さを示しました．この章ではさらに発展したモデルとして新たに空間統計モデルを紹介します．それを実際の地域データで分析して，ベイズ統計学のさらなる応用を示しましょう．

　よく日常会話やテレビで，「県民性」という言葉が使われます．アメリカなどに比べて国土が狭く，ほぼ単一民族で構成される日本でも，「県民性」のように地域別で何か違いがあるように感じられます．マーケティングや社会調査の分野では，地域別の分析が重要になる場合があります．マーケティングの例だと，同じブランドのカップうどんやそばで関東は濃口醤油，関西は薄口醤油のように味を微妙に変化させている場合もあります．

　しかしアンケート・データなどで地域別の分析をしようとすると，なかなか困難な場合があります．たとえば母集団を日本人全体としてサンプリングをして1000人のデータを集めてきたとします．しかし都道府県別の分析をしようとすると，人口が少ない県ではサンプル・サイズが高々5人程度になってしまいます．その場合の推定結果は，当然のことながらブレた値になってしまう可能性があります．

　そこで，前章のように階層ベイズ・モデルを使うことが考えられます．もちろん階層ベイズ・モデルをそのまま使うことも考えられますが，この章では，地域の類似性の情報を使う空間統計モデルというアドバンストな手法を紹介します．

8.1 空間統計モデル

　通常の階層ベイズ・モデルでは，もしデータが少ない状況下で，個人別のパラメータの推定値が極端になってしまったら，全体の平均に少し近づけてくれるという特徴がありました．これを都道府県データに当てはめると，たとえば地域別のある比率を求める場合に，サンプル・サイズが小さい島根県の値が80％で，全国で考えると30％だった場合，島根県の値を，事前分布の情報である全国の値に少し寄せて50％に下げるといったように補正します．

　この章では，この考え方を少し修正して，全体の平均ではなく，隣接する地域の情報を使うことを考えましょう．たとえば島根県の推定値を求めるのに隣接する地域，鳥取県の値を利用するといった具合です．この考え方は一見難しそうに思えますが，自然な考え方です．ある比率に対して奈良県の値を求めたいときに，「全国の値」，「東京都の値」，「大阪府の値」の中で，どれに近いでしょうか．ここでは同じ関西で隣接する「大阪府の値」に近いと考えるのが自然なのではないでしょうか．このように空間的に近い地域の情報を，事前分布の情報として使う考え方を空間統計モデルといいます．ここでは，この考え方に基づいて，ベイズ流のモデリングを行いましょう．

　まず空間統計モデルの特徴を説明しましょう．空間統計モデルとは，空間構造に関係性を認めるモデルのことを指します．図8.1に空間統計モデルの概念図を示します．

　図8.1のようにA〜Dという4つの地域が隣接している場所があるとします．空間統計モデルは，地域Aのパラメータを推定したい場合に隣接した地域であるBとCの情報を利用します（図8.1の左図の左上）．また地域Bのパラメータを推定したい場合は，隣接した地域であるAとDの情報を利用（図8.1の左図の左下）する…といったように，空間的に近い地域の情報を相互的に推定の情報として利用します．

　一方，前章で紹介した階層ベイズ・モデルは，図8.1の右に示したように隣接した地域の情報ではなく，全体の情報を，個別の地域の推定に利用します．通常の統計モデルでは，興味がある個体間には独立性を仮定します．階層ベイズ・モデルは，個体の推定の際に，全体の情報を利用するだけで，個体間では

8.1 空間統計モデル

空間統計モデル

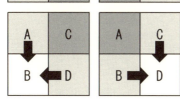

階層ベイズ・モデル

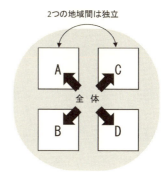

図 8.1 空間統計モデルと階層ベイズ・モデル

（条件付きの）独立を仮定しています．一方，ここで紹介するモデルでは，隣接する（と定義した）地域間では，統計的に独立ではなく，相互に依存していると仮定します[1]．

次にこの依存関係を，数式で表すことにします．ここでは，話を単純化するために1変量のパラメータの例で説明をします．その前に前章で紹介した説明変数がない階層ベイズにおけるパラメータの事前分布は1変量の場合は，次のようでした．

$$\beta_i = h + d_i, \quad d_i \sim N(0, v) \quad (8.1)$$

ここで，d_i は個体差，ここでは地域差を示す，地域間で独立のパラメータです．つまりは地域間の依存関係はないことを仮定しています．このパラメータをすべての地域 ($i=1,\cdots,n$) でつなげてベクトルで次のように表すことができます．

$$\boldsymbol{\beta} = \begin{pmatrix} \beta_1 \\ \vdots \\ \beta_n \end{pmatrix} = \begin{pmatrix} h \\ \vdots \\ h \end{pmatrix} + \begin{pmatrix} d_1 \\ \vdots \\ d_n \end{pmatrix} = h\mathbf{1}_n + \boldsymbol{d}, \quad \boldsymbol{d} \sim N_n(\mathbf{0}, v\boldsymbol{I}_n) \quad (8.2)$$

ここで，$\mathbf{1}_n$ は1を n 個並べたベクトル，$\boldsymbol{I}_n$ は n 次の単位行列です．

---

1) 空間統計モデルは，後の数式上で見るように実際には全体の平均の情報も使います．

154　第8章　空間統計モデルで地域分析

図8.2　隣接した地域の例

　次に空間統計モデルを記述します．空間統計モデルは，階層ベイズ・モデルと同様で様々なモデルが存在します．ここでは，階層ベイズ・モデルの発展として考えることができるモデルを紹介します．まずはベクトル形式の表記ではなく，各地域別にスカラーでモデルを記述します．具体的にはパラメータの事前分布の (8.1) 式において，次のこの d_i の平均に隣接地域の情報を含むようにモデリングをします．

$$\beta_i = h + d_i, \qquad d_i \sim N\left(r\sum_{k \neq i} w_{ik} d_k, v\right), \qquad \sum_{k \neq i} w_{ik} = 1 \qquad (8.3)$$

ここで，r は他の地域の d_k の影響度を決める推定するパラメータで，空間パラメータといいます．もし $r=0$ の場合は，通常の階層ベイズ・モデルと変わらないことがわかると思います．シグマ記号の下にある $k \neq i$ は「地域 i 以外で足す」という意味です．このタイプのモデルの場合，このパラメータの範囲として，$-1 < r < 1$ と定めることが多いので，ここでもそのようにします[2]．w_{ik} は，地域 i の他の地域 k の値から受ける影響度を規定する空間重みデータです．これは正の値をとり，k について足すと 1 とする制約を課しています．そしてこのウェイトはパラメータではなく，分析者自身が決めなくてはいけません．それには様々な方法が考えられます．たとえば，図8.2のような例で考えます．

　まず「隣接する地域からは等しく影響を受ける」ウェイトの例を考えましょう．たとえば，図8.2の例では，地域1に隣接しているのは地域2と地域3の2つです．また地域4は隣接しないので，影響を受けていません．この場合の

---

2)　もし絶対値が1を超えてしまうと，厳密ではありませんが「遠くの地域の相互作用が大きい」という直感に反したモデルになってしまいます．

8.1 空間統計モデル

隣接の状態を，1（隣接している状態）と0（隣接していない，また自分自身を示す場合）のベクトルで表現すると，$\boldsymbol{a}_1' = (a_{11}, a_{12}, a_{13}, a_{14})' = (0, 1, 1, 0)'$と書くことができます．このベクトルをすべての要素で足すと1になるように標準化します[3]．そのために隣接している個数（この場合は2個）で割ります．そしてウェイトを$\boldsymbol{w}_1' = (w_{11}, w_{12}, w_{13}, w_{14})' = (0, 1/2, 1/2, 0)'$とします．次に地域2に隣接しているのは，地域1と地域2と地域4の3つです．この場合の隣接の状態を，同様にベクトルで表現すると，$\boldsymbol{a}_2' = (a_{21}, a_{22}, a_{23}, a_{24})' = (1, 0, 1, 1)'$と書くことができ，ウェイトを$\boldsymbol{w}_2' = (w_{21}, w_{22}, w_{23}, w_{24})' = (1/3, 0, 1/3, 1/3)'$とします．このことを地域3と地域4でも同様に繰り返すと，ウェイトは$\boldsymbol{w}_3' = (1/3, 1/3, 0, 1/3)'$と$\boldsymbol{w}_4' = (0, 1/2, 1/2, 0)'$になります．

これはどのような意味を持つかを考えましょう．もしrが正で隣接する地域のd_kが大きい場合に，$r\sum_{k \neq i} w_{ik} d_k$は大きくなり，平均的に$d_i$の値も大きくなることを示唆しています．このことは平均的なパラメータの値の決定要因が地域間で独立ではなく，隣接した地域間で相互に依存していることを示しています．このことがユニット単位で独立と仮定する通常の統計モデルとは異なった部分になります．

この地域間で依存関係がある地域パラメータd_iについて，性質を見ていきましょう．(8.3)式では，$d_i \sim N\left(r\sum_{k \neq i} w_{ik} d_k, v\right)$としましたが，正規分布の性質を使うと，これは次のように書くことができます．

$$d_i = r\sum_{k \neq i} w_{ik} d_k + e_i, \quad e_i \sim N(0, v), \quad \sum_{k \neq i} w_{ik} = 1 \tag{8.4}$$

ここで，e_iは地域間で独立な地域の独自性を表す部分になります．そしてそのバラつき具合は分散パラメータvの大きさによって変化します．次にこれをベクトル形式で記述してみましょう．まず試しに図8.2の例を示してみます．

$$\boldsymbol{d} = \begin{pmatrix} d_1 \\ d_2 \\ d_3 \\ d_4 \end{pmatrix} = r \begin{pmatrix} 0 & 1/2 & 1/2 & 0 \\ 1/3 & 0 & 1/3 & 1/3 \\ 1/3 & 1/3 & 0 & 1/3 \\ 0 & 1/2 & 1/2 & 0 \end{pmatrix} \begin{pmatrix} d_1 \\ d_2 \\ d_3 \\ d_4 \end{pmatrix} + \begin{pmatrix} e_1 \\ e_2 \\ e_3 \\ e_4 \end{pmatrix} \tag{8.5}$$

次に一般的に記述してみましょう．ベクトル$\boldsymbol{d}' = (d_1, \cdots, d_n)'$で表すと次のように書くことができます．

---

[3] 標準化をしないと隣接地域の数が多いほどバラつきが大きい傾向になってしまいます．

$$\boldsymbol{d} = \begin{pmatrix} d_1 \\ d_2 \\ \vdots \\ d_n \end{pmatrix} = r \begin{pmatrix} 0 & w_{11} & \cdots & w_{1n} \\ w_{21} & 0 & \cdots & w_{2n} \\ \vdots & \vdots & \ddots & \vdots \\ w_{n1} & w_{n2} & \cdots & 0 \end{pmatrix} \begin{pmatrix} d_1 \\ d_2 \\ \vdots \\ d_n \end{pmatrix} + \begin{pmatrix} e_1 \\ e_2 \\ \vdots \\ e_n \end{pmatrix}$$

$$= r\boldsymbol{Wd} + \boldsymbol{e}, \quad \boldsymbol{e} \sim N_n(\boldsymbol{0}, v\boldsymbol{I}_n) \tag{8.6}$$

つまりは $\boldsymbol{d} = r\boldsymbol{Wd} + \boldsymbol{e}$ となります．左辺と右辺のどちらともに $\boldsymbol{d}$ があり，奇妙な感じがしますが，左辺と右辺に出ている $\boldsymbol{d}$ をまとめて，$(\boldsymbol{I}_n - r\boldsymbol{W})$ に逆行列が存在すると，次のように表現することが可能です．

$$\boldsymbol{d} = (\boldsymbol{I}_n - r\boldsymbol{W})^{-1} \boldsymbol{e} \tag{8.7}$$

この表現において，右辺に $\boldsymbol{d}$ が表れていません．すなわち (8.7) 式は，(8.6) 式で両辺に出ていた $\boldsymbol{d}$ をまとめたものになります．さらにこの期待値は $\mathrm{E}(\boldsymbol{d}) = (\boldsymbol{I}_n - r\boldsymbol{W})^{-1} \mathrm{E}(\boldsymbol{e}) = \boldsymbol{0}$，分散は $\mathrm{Var}(\boldsymbol{d}) = (\boldsymbol{I}_n - r\boldsymbol{W})^{-1} \mathrm{E}(\boldsymbol{ee}')(\boldsymbol{I}_n - r\boldsymbol{W})^{-1\prime}$ $= v(\boldsymbol{I}_n - r\boldsymbol{W})^{-1}(\boldsymbol{I}_n - r\boldsymbol{W})^{-1\prime}$ になります．「多変量正規分布に従う確率変数を線形変換すると，その確率変数も多変量正規分布に従う」という性質があるので，次のような形に書き換えることが可能です．

$$\boldsymbol{\beta} = \begin{pmatrix} \beta_1 \\ \vdots \\ \beta_n \end{pmatrix} = \begin{pmatrix} h \\ \vdots \\ h \end{pmatrix} + \begin{pmatrix} d_1 \\ \vdots \\ d_n \end{pmatrix} = h\boldsymbol{1}_n + \boldsymbol{d}, \quad \boldsymbol{d} \sim N_n(\boldsymbol{0}, v(\boldsymbol{I}_n - r\boldsymbol{W})^{-1}(\boldsymbol{I}_n - r\boldsymbol{W})^{-1\prime}) \tag{8.8}$$

もし空間パラメータ r が 0 だった場合，$\boldsymbol{d} \sim N_n(\boldsymbol{0}, v\boldsymbol{I}_n)$ となり，通常の階層ベイズ・モデルと変わらないことが，ここでも分かると思います．

8.2 空間重み行列

さて少し話を戻して，空間統計モデルの中で，重要な役割を果たす空間重み行列 $\boldsymbol{W}$ について，先ほどは，単純化した図を使った例で説明しました．しかしたとえば，図8.3の日本の都道府県の場合はどうでしょうか．

たとえば，鳥取県は，島根県，岡山県，広島県，兵庫県に隣接していることが分かりますが，北海道や沖縄県はどうでしょうか．直接隣接している県はありません．そこで異なる方法も考えられます．まずある地域から，何個か近い地域を選ぶ方法があります．たとえば，都道府県庁所在地を地域の代表点として定義して，そこから2つの近い地域を選ぶ方法が考えられます．

8.2 空間重み行列　　157

図 8.3　日本の都道府県の地図

図 8.4　県庁所在地から距離が近い 2 県を選ぶ方法

図 8.4 は，それを図示したものです．北海道の場合は，青森県と岩手県が近い 2 県になります．この 2 県を隣接しているとして，$w_{(北海道)}' = (w_{(北海道)(北海道)}, w_{(北海道)(青森)}, w_{(北海道)(岩手)}, w_{(北海道)(宮城)}, \cdots)' = (0, 1/2, 1/2, 0, \cdots)'$ とする方法が考えられます．しかし岩手県の場合は，近い 2 県は青森県と秋田県で，2 地域間で対称ではないことが分かります．

158　第8章　空間統計モデルで地域分析

図 8.5　北海道からのユークリッド距離

　他にはユークリッド距離を使った方法が考えられます．その場合は，先ほどのように，ある地域が1(隣接する個数) か0ということはなく，ある地域の点からのユークリッド距離に応じて，隣接度を定義します．図 8.5 には北海道から他の地域へのユークリッド距離の例を示しています．

　線分の長さが地域間のユークリッド距離になります．ここでは北海道について青森が近く，沖縄が遠いことが分かると思います．ここで注意しなくてはならないのは，W の要素は大きければ大きいほど，関係性が強くなることです．つまりユークリッド距離を W の要素の値としてそのまま使うと，短い距離の（近い）地域の影響が弱く，長い距離の（遠い）地域は影響が強いことになります．そこで2点間のユークリッド距離の逆数を利用することが考えられます．2点間の距離を c_{ij} とすると，$\boldsymbol{w}_i' = (w_{i1}, \cdots, w_{ii}, \cdots, w_{in})' = \left(1/\sum_{j=1}^{n} c_{ij}^{-1}\right)(c_{i1}^{-1}, \cdots, 0, \cdots, c_{in}^{-1})'$ とする方法です（$w_{ii}=0$ とする）．このようにすると，短い距離（近い）は影響が強く，長い距離（遠い）は影響が弱いことになります．他にも，2乗の逆数 c_{ij}^{-2} や，ネイピア数の逆数を利用する $1/\exp(c_{ij})$ を使う方法もあります．

　このように地域間のつながりの強さを示す空間重み行列の定義は様々な方法がありますが，それでは，どの方法がよいのでしょうか．残念ながら実務的にはもちろん，アカデミックにも，使うべきものの評価は決まっていません．

8.3 分析例

次に，空間統計モデルの実際のデータを使った応用例を紹介します．ここでは都道府県別の既婚女性の就業率を，調査データから空間統計モデルを使って推定してみましょう．

その昔日本では「男性は外，女性は内」といった社会通念がありました．しかし1980年代に男女雇用機会均等法が施行されて以降，女性の社会進出が推進されています．現在でも，特に首都圏などは，通勤にかかる時間，待機児童や近隣に住むサポートしてくれる親族が少ないなどの事情で子どもを持つ女性は仕事を辞めてしまう傾向が強いようです．

実は既婚女性の就業率は，悉皆調査である国勢調査から，推定を行わずとも，「真の値」はわかっています．2010年の場合の国勢調査の値は，表8.1の左の値のようになります．ここでは，実際に分析で使うデータと合わせるために，15から79歳の既婚女性を対象とします．これを見ると，首都圏や阪神圏など都市部などは低く，北陸は高いというような地域的な関連性がある傾向がでています．

それに対して，表8.1の右の数値が調査によるデータです．これは2010年の1月から12月に，訪問調査であるNOS（日本リサーチセンター・オムニバス・サーベイ）で得られたデータです．国勢調査の結果と，傾向は似ていますが，鳥取県のサンプル・サイズは11と，かなり小さくなっていることが分かると思います．一番右の比率が，従来的な統計学で得られた推定値です．この調査データから，真の値である国勢調査の値を，通常の推定法によって，近似できるかを，ベイズ推定を使った空間統計モデルで検証します．

次に空間統計モデルを使って，既婚女性の就業率のモデリングを行います．何人中何人が就業しているという事象には，2項分布を用います．地域iの調査人数をn_i，そのうち就業している人数をx_iとすると，x_iの尤度関数は，次のようになります．

$$f(x_i \mid p_i, n_i) = \binom{n_i}{x_i} p_i^{x_i}(1-p_i)^{n_i-x_i} \tag{8.9}$$

表 8.1 国勢調査と調査データの既婚女性の就業率

都道府県	2010年国勢調査 就業率	2010年調査データ 就業人数	既婚女性の人数	調査データによる比率
北海道	44.9%	82	219	37.4%
青森県	52.3%	21	44	47.7%
岩手県	54.4%	32	59	54.2%
宮城県	47.1%	55	120	45.8%
秋田県	52.7%	18	31	58.1%
山形県	57.5%	28	54	51.9%
福島県	52.6%	50	75	66.7%
茨城県	49.4%	52	97	53.6%
栃木県	52.2%	50	94	53.2%
群馬県	51.9%	32	63	50.8%
埼玉県	46.4%	145	321	45.2%
千葉県	44.9%	105	234	44.9%
東京都	45.1%	225	479	47.0%
神奈川県	43.0%	159	357	44.5%
新潟県	55.7%	50	92	54.3%
富山県	57.7%	26	39	66.7%
石川県	57.8%	39	62	62.9%
福井県	59.3%	19	31	61.3%
山梨県	54.0%	12	26	46.2%
長野県	57.0%	57	89	64.0%
岐阜県	53.3%	51	96	53.1%
静岡県	53.4%	72	138	52.2%
愛知県	50.1%	133	282	47.2%
三重県	51.6%	39	72	54.2%
滋賀県	50.0%	22	62	35.5%
京都府	47.4%	48	86	55.8%
大阪府	41.6%	177	377	46.9%
兵庫県	43.7%	89	188	47.3%
奈良県	39.7%	35	63	55.6%
和歌山県	47.6%	20	33	60.6%
鳥取県	58.5%	5	11	45.5%
島根県	58.2%	13	27	48.1%
岡山県	50.1%	51	101	50.5%
広島県	50.0%	56	104	53.8%
山口県	48.9%	29	62	46.8%
徳島県	51.2%	20	36	55.6%
香川県	51.8%	26	39	66.7%
愛媛県	49.1%	32	54	59.3%
高知県	54.1%	22	39	56.4%
福岡県	46.7%	116	213	54.5%
佐賀県	55.9%	13	29	44.8%
長崎県	50.5%	18	36	50.0%
熊本県	53.7%	35	60	58.3%
大分県	50.0%	36	69	52.2%
宮崎県	54.5%	26	43	60.5%
鹿児島県	52.0%	30	55	54.5%
沖縄県	47.6%	20	40	50.0%

ここで，推定するパラメータは，地域 i の就業率を示す p_i になります．p_i は 0 から 1 の範囲をとります．また $\binom{n_i}{x_i}$ は 2 項係数です．この計算は，n_i の値が大きくなると計算が難しくなるのですが，ベイズ推定では，パラメータを含まない項は定数なので実際には計算する必要がありません．推定パラメータの p_i に，先ほど説明した (8.3) 式の空間構造モデルを組み込みます．しかし，p_i の範囲は 0 から 1 なので，$-\infty$ から ∞ の範囲をとる正規分布をベースとする前節で紹介したモデルを，そのまま組み込めません．そこで次のロジット・モデルを使います．

$$p_i = \frac{1}{1+\exp(-\beta_i)} \tag{8.10}$$

このロジット・モデルを使うと，β_i が $-\infty$ から ∞ の範囲をとっても，p_i は 0 から 1 の範囲に収めることができます．2 項分布の場合，ベータ分布が自然共役分布になりますが，実際のモデリングの際には，階層ベイズ・モデルや空間統計モデルに拡張が容易な正規分布モデルが使えるように変換してから分析することが多いです．(8.9) 式を，ロジット・モデルを使って書き換えると次のようになります．

$$f(x_i|\beta_i, n_i) = \binom{n_i}{x_i} \left(\frac{1}{1+\exp(-\beta_i)}\right)^{x_i} \left(1 - \frac{1}{1+\exp(-\beta_i)}\right)^{n_i - x_i} \tag{8.11}$$

実用的なベイズ推定で重要なのは，推定するパラメータはどれなのか，すなわち事後分布を出すパラメータはどれなのかを分析者が明確化しておくことです．なぜならここで述べたモデル以外に自分でモデルを作成するならば，そのことを理解しておかないとモデリングができないからです．ここで説明した推定パラメータは地域別のパラメータである $\{\beta_i\}$ と，空間パラメータ r，β_i の定数パラメータである h と分散パラメータである v です．r, h, v の事前分布は，それぞれ独立だとすると，同時事後分布は次のようになります．

$$\begin{aligned} &f(\{\beta_i\}, r, h, v | \{x_i\}, \{n_i\}, \boldsymbol{W}) \\ &\propto \prod_{i=1}^{n} f(x_i|\beta_i, n_i) \times f(\{\beta_i\}|r, h, v, \boldsymbol{W}) \\ &\quad \times f(r) \times f(h) \times f(v) \end{aligned} \tag{8.12}$$

$\{x_i\}, \{n_i\}, \boldsymbol{W}$ は，分析者が事前に用意するデータです．それらを使って事前分布を更新し，パラメータの事後分布を求めます．

前章では，すでに用意してある R のプログラムで事後分布の計算を行いま

した．しかしここで説明したモデルは，すでに作られた分析パッケージはありません．さらに条件付き事後分布がよく知られた形式でないため，ギブス・サンプリングは使えません．ここではベイズ推定のための汎用的なアプリケーションであるStanを使って計算をします（章コラム参照）．StanはRや，そのほかPythonなど様々なプログラム上で動かすことができます．Stanは，6章で紹介したMCMC法ではなく，さらに進化して効率的なハミルトニアン・モンテカルロ法（HMC）という最新の手法を使って計算します．また通常のMCMC法の場合は，理論的というよりむしろ計算の都合上，よく知られた分布を事前分布として利用することが多いのですが，Stanではそのような心配をせずとも様々な事前分布を利用できます．

　ここでは，既婚女性の就業率の推定をR上でStanを動かし分析を実行します．ここではR上でStanを動かすパッケージであるrstanのインストールを済ませているという前提で分析を行います（付録B参照）．R上で分析に必要なデータをリスト形式で作成し，stan関数を使ってコンパイルを行うという手順で分析を行います．まずはR上で，データの読み込みと空間重み行列$\boldsymbol{W}$の作成をします．そのために，表8.1の就業率のデータと，空間重み行列$\boldsymbol{W}$の作成のために各都道府県庁所在地の緯度経度のデータを[4]，Rに読み込ませます．

```
# データの読み込み
### 作業フォルダの指定（データを入れておく）
#Rの場合，フォルダの階層の区切りが"¥"ではなく"/"になるので注意！
setwd("C:/xxxxxxxxxx")# 分析者が指定する

### データの読み込み
# 先ほど指定した場所にデータがあるとする
# 先にデータ・フレーム形式から行列形式にしておく
# 各県の就業率のデータ
ER <- as.matrix(read.csv("既婚女性就業率.csv",row.names=1))
# 空間重み行列の作成のための都道府県庁所在地の緯度と経度のデータ
LL <- as.matrix(read.csv("緯度経度.csv",row.names=1))
```

そして次に，Stan上で読み込みができるように，いくつか必要なオブジェク

---

[4] ここではユークリッド距離の計算に緯度経度のデータを利用していますが，地球が球体であるので厳密には2点間の距離は緯度経度によるユークリッド距離とは異なります．あくまでも近似のユークリッド距離と考えてください．

トを作成します.

```
# データの加工
N <- nrow(ER)# 地域の数
x <- ER[,2]# 地域 i のサンプル内の就業者人数（N 次ベクトル）
n <- ER[,3]# 地域 i のサンプル・サイズ（N 次ベクトル）
```

次に空間重み行列 W の作成を R 上で行います．空間統計モデルで重要な空間重み行列 W ですが，この分析では，1つではなく数種類で試してみることにします．ここでは空間的に相関がない $W=O$ としたモデル，すなわち通常の階層ベイズ・モデル（W1）と，3種類の空間重み行列 W を作成して，比べてみましょう．1つめは距離が近い3つの都道府県庁所在地を隣接しているとする方法（W2），2つめはすべての都道府県庁所在地間の距離の逆数を利用する方法（W3），3つめはネイピア数の逆数を使う方法です（W4）．ここですべて W の行和は1になるようにします.

```
###4 種類の空間重み行列 W（N × N の行列）の作成
# 距離行列の作成
Dist <- as.matrix(dist(LL))# 距離行列の計算
#(1) 通常の階層ベイズ・モデル
W1 <- matrix(0,N,N)#W=O
#(2) 距離が近い3つを影響度があると定義する方法
W2 <- NULL# 空のオブジェクト
for(i in 1:N) {# 距離の短い3つの地域に 1/3 を入れ，行でくっつける
  W2 <- rbind(W2,ifelse(rank(Dist[i,])>=2&rank(Dist[i,])<=3+1,1/3,0))
}
#(3) 距離の逆数の方法
W3 <- 1/Dist# 逆数をとる
diag(W3) <- 0# 同じ地域の成分には 0 を入れる
W3 <- W3/rowSums(W3)# 行和が1になるように標準化
#(4) 指数変換をする方法
W4 <- exp(-Dist)# 指数変換
diag(W4) <- 0# 同じ地域の成分には 0 を入れる
W4 <- W4/rowSums(W4)# 行和が1になるように標準化
```

Stan で R の読み込みができるように，リスト形式のデータを作成します．4種類の空間重み行列 W を作成したので，4種類のデータを用意します.

```
###Stan に読み込ませることができるようにリスト形式のデータを作成
#W の異なる4種類のデータを用意する
```

第8章 空間統計モデルで地域分析

```
#(1)通常の階層ベイズ・モデル
dat1 <- list(N=N,n=n,x=x,W=W1)
#(2)距離が近い3つを影響度があると定義する方法
dat2 <- list(N=N,n=n,x=x,W=W2)
#(3)距離の逆数の方法
dat3 <- list(N=N,n=n,x=x,W=W3)
#(4)指数変換をする方法
dat4 <- list(N=N,n=n,x=x,W=W4)
```

そして，Stan の分析コードを記述します．Stan のコードと R のコードは共通な点はあるものの全く異なるプログラムです．Stan のコードを別ファイルでテキストファイルを作成して，分析の際に呼び出してもよいのですが，ここでは R 上に，テキストコードのオブジェクト SLM として直接書き込んで，分析の際に読み込みます．

ここでは事前分布として，あまり事前の情報がない状態のものを利用します．具体的には，$f(r)$ には -1 から 1 の連続型一様分布，$f(h)$ には平均パラメータ 0，分散パラメータ 100^2 の正規分布，$f(v)$ には 0 から 100 の連続型一様分布を利用します．

```
###Stan のプログラム
SLM <- "
/*データ*/
data {//R 上でのデータリスト内のオブジェクトと合わせる
  int<lower=0> N;//地域の数（スカラー）
  int<lower=0> n[N];//各地域のサンプルサイズ（N 次ベクトル）
  int<lower=0> x[N];//各地域の就業数（N 次ベクトル）
  matrix[N,N] W;//空間重み行列（N × N の行列）
}
/*推定するパラメータ*/
parameters {
  real h;//定数パラメータ（スカラー）
  vector[N] d;//地域パラメータ（N 次ベクトル）
  real<lower=-1,upper=1> r;//空間パラメータ（-1 から 1 の制限のあるスカラー）
  real<lower=0,upper=100> v;//分散パラメータ（0 から 100 の制限のあるスカラー）
}
/*変換したパラメータ*/
transformed parameters {
  vector<lower=0,upper=1>[N] p;//地域の就業率（N 次ベクトル）
  for(i in 1:N) p[i] <- inv_logit(h+d[i]);//ロジット・モデルに変換
}
/*モデル*/
model {
```

8.3 分析例

```
    matrix[N,N] I;//単位行列（N × Nの行列）
    vector[N] d0;//0ベクトル（N次ベクトル）
    matrix[N,N] V;//分散パラメータの計算1（N × Nの行列）
    matrix[N,N] S;//分散パラメータの計算2（N × Nの行列）
    for(i in 1:N) {//単位行列とN次の0ベクトルを作成
      for(j in 1:N) {//単位行列の作成
        I[i,j] <- if_else(i==j,1,0);
      }
      d0[i] <- 0;//0ベクトルの作成
    }
    V <- inverse(I-r*W);//逆行列の計算
    S <- V*V';//行列の積を計算
    d ~ multi_normal(d0,v*S);//dの同時分布
    h ~ normal(0,100);//hの事前分布（正規分布）
    for(i in 1:N) {//2項分布の尤度関数
      x[i] ~ binomial(n[i],p[i]);
    }
  }
"
```

そして，R上でStanを使うことのできる関数rstanパッケージを呼び出して分析を行います（4種類の分析を繰り返すので，次のコードを実行すると時間がかかることに注意してください）．

```
#rstanの呼び出し
library(rstan)
rstan_options(auto_write = TRUE)# コンパイルの繰り返しを防ぐ
options(mc.cores = parallel::detectCores())# マルチコアで並列計算する
###R上で分析の実行（それぞれ時間がかかる）
#(1)通常の階層ベイズ・モデル
fit1 <- stan(model_code=SLM,data=dat1,iter=1000,chains=4)
#(2)距離が近い3つを影響度があると定義する方法
fit2 <- stan(model_code=SLM,data=dat2,iter=1000,chains=4)
#(3)距離の逆数の方法
fit3 <- stan(model_code=SLM,data=dat3,iter=1000,chains=4)
#(4)ネイピア数の逆数の方法
fit4 <- stan(model_code=SLM,data=dat4,iter=1000,chains=4)
```

4種類の分析が終わったら，推定結果（事後平均）を見てみましょう．Stanの分析結果一覧をみるには，たとえば，fit2の場合，次のようにします．

```
print(fit2)# コンソールに出力
plot(fit2)# グラフで出力
```

これらの分析を比較するために p_i の結果表示を加工して事後平均を見てみましょう．先ほどの4種類の分析の他に，国勢調査の結果と，通常の推定（最尤法）の結果とも比べてみましょう．そのためのプログラムはたとえば，次のようにします．ここでも前章と同様に分析結果をCSV形式にまとめて現在の作業フォルダに出力する方式をとります．

```
###R 上で分析結果のまとめ
OUT <- matrix(,N,6)# 結果を入れるオブジェクト
# 国勢調査の結果（真の値）
OUT[,1] <- ER[,1]
# 通常の推定値（最尤法）
OUT[,2] <- ER[,2]/ER[,3]
#(1)通常の階層ベイズ・モデル
out <- extract(fit1, permuted=TRUE)
OUT[,3] <- colMeans(out$p)
#(2)距離が近い3つを影響度があると定義する方法
out <- extract(fit2, permuted=TRUE)
OUT[,4] <- colMeans(out$p)
#(3)距離の逆数の方法
out <- extract(fit3, permuted=TRUE)
OUT[,5] <- colMeans(out$p)
#(4)ネイピア数の逆数の方法
out <- extract(fit4, permuted=TRUE)
OUT[,6] <- colMeans(out$p)
#OUT の行と列に名前を付ける
rownames(OUT) <- rownames(ER)
colnames(OUT) <- c(" 国勢調査の結果（真の値）",
        " 通常の推定値（最尤法）",
        " 通常の階層ベイズ・モデル",
        " 距離が近い3つを影響度があると定義する方法 ",
        " 距離の逆数の方法 ",
        " ネイピア数の逆数の方法 ")
# 現在の作業フォルダにCSV ファイルを出力
write.csv(OUT," 分析結果.csv")
```

その出力を加工したもの表8.2に示します．これを見ると，4種類のベイズ事後平均値は大きく変わりありませんが，通常と推定法（最尤法）と比べて値が異なっていることが分かると思います．それでは，今回の分析の場合はどの方法がよかったのかをMSEで見てみたいと思います．

$$\text{MSE} = \frac{1}{47} \sum_{i=1}^{47} (p_i^{(true)} - \hat{p}_i)^2 \qquad (8.13)$$

表8.2 空間統計モデルの推定結果の比較（％）

	国勢調査の結果（真の値）	通常の推定値（最尤法）	通常の階層ベイズ・モデル	距離が近い3つを影響度があると定義する方法	距離の逆数の方法	ネイピア数の逆数の方法
北海道	44.9	37.4	42.1	42.6	42.5	42.3
青森県	52.3	47.7	50.4	48.3	48.5	48.4
岩手県	54.4	54.2	52.6	50.4	50.6	50.4
宮城県	47.1	45.8	48.5	49.6	49.5	49.4
秋田県	52.7	58.1	53.0	51.2	51.3	51.3
山形県	57.5	51.9	51.6	52.5	52.4	52.5
福島県	52.6	66.7	57.8	56.8	56.9	56.9
茨城県	49.4	53.6	52.4	51.8	51.8	51.7
栃木県	52.2	53.2	52.4	52.5	52.5	52.5
群馬県	51.9	50.8	51.1	51.9	51.8	51.7
埼玉県	46.4	45.2	46.7	46.4	46.3	46.3
千葉県	44.9	44.9	46.8	46.2	46.2	46.1
東京都	45.1	47.0	47.8	47.2	47.2	47.2
神奈川県	43.0	44.5	46.1	45.7	45.6	45.6
新潟県	55.7	54.3	52.8	53.9	53.8	53.9
富山県	57.7	66.7	55.8	57.9	57.9	58.1
石川県	57.8	62.9	55.8	57.2	57.2	57.3
福井県	59.3	61.3	53.8	54.8	54.9	54.9
山梨県	54.0	46.2	50.2	52.4	52.1	52.2
長野県	57.0	64.0	57.3	57.7	57.7	57.8
岐阜県	53.3	53.1	52.3	52.8	52.8	52.9
静岡県	53.4	52.2	51.9	51.2	51.3	51.3
愛知県	50.1	47.2	48.3	48.7	48.6	48.5
三重県	51.6	54.2	52.5	52.1	52.2	52.3
滋賀県	50.0	35.5	45.3	46.3	46.1	46.1
京都府	47.4	55.8	53.3	51.7	51.8	51.9
大阪府	41.6	46.9	48.0	48.0	48.0	47.9
兵庫県	43.7	47.3	48.9	48.9	48.8	48.9
奈良県	39.7	55.6	53.0	51.2	51.3	51.3
和歌山県	47.6	60.6	53.8	52.9	52.9	53.0
鳥取県	58.5	45.5	50.8	51.9	51.7	51.8
島根県	58.2	48.1	50.7	51.5	51.4	51.6
岡山県	50.1	50.5	51.0	52.0	52.0	52.1
広島県	50.0	53.8	52.7	52.8	52.9	52.9
山口県	48.9	46.8	49.8	50.6	50.7	50.7
徳島県	51.2	55.6	52.5	53.8	53.8	53.9
香川県	51.8	66.7	55.7	56.1	56.0	56.3
愛媛県	49.1	59.3	54.2	54.8	54.7	55.0
高知県	54.1	56.4	52.9	54.6	54.5	54.8
福岡県	46.7	54.5	53.4	53.6	53.7	53.7
佐賀県	55.9	44.8	49.9	51.5	51.6	51.4
長崎県	50.5	50.0	51.1	52.2	52.4	52.1
熊本県	53.7	58.3	54.2	54.1	54.5	54.4
大分県	50.0	52.2	51.8	52.4	52.5	52.5
宮崎県	54.5	60.5	54.1	54.6	54.5	54.7
鹿児島県	52.0	54.5	52.7	53.4	53.4	53.5
沖縄県	47.6	50.0	51.0	52.0	52.0	52.1

表 8.3 MSE の比較

	MSE
通常の推定値（最尤法）	0.00477
通常の階層ベイズ・モデル	0.00166
距離が近い3つを影響度があると定義する方法	0.00140
距離の逆数の方法	0.00142
ネイピア数の逆数の方法	0.00144

ここで，$p_i^{(true)}$ は国勢調査で得られた値で，$\hat{p}_i$ は推定値になります．この MSE が 0 に近いほど，誤差が少なくよいモデルになると考えられます．

これを通常の推定法と 4 種類のベイズ事後平均の推定値に適応するには，R 上で次のようにします．それをまとめたものを表 8.3 に示します．

```
(MSE <- colMeans((OUT[,1]-OUT[,2:6])^2))
```

表 8.3 を見ると，通常の推定法（最尤法）に比べて，ベイズ推定による方法がよいことが分かります．また通常の階層ベイズ・モデルと比べても，空間統計モデルがよかったことが分かります．その中で今回の分析で一番よかったものは「距離が近い 3 つを影響度があると定義する方法」です．このモデルの空間パラメータ r の事後平均は 0.46 で，正の値である確率は 94.2% です．一般的な統計学の有意水準（5%）を満たしてはいませんが，隣接する地域間で正の相関がある可能性が高いと考えられます．

ここでは，空間統計モデルを紹介しベイズ推定の枠組みで分析を行いました．そして女性の就業率データで，実際に Stan で分析をした例を示し，確かに空間統計モデルを使った方がよいことを示しました．

今回は，応用例に 2 項分布という比較的簡単なモデルを使いましたが，当然のことながら，様々なモデルに適用できます．(8.10) 式で地域別の違いを示す説明変数があれば追加して入れたり，目的変数が計数ならばポアソン回帰モデル（対数線形モデル）を使ったりすることが考えられます．

またこのモデルが従来のモデルと比較して面白いのは，サンプル間で独立でないということです．マーケティング・リサーチにせよ社会調査にせよ，「サ

ンプル間は互いに独立」(i.i.d) という強い仮定を統計分析の際に置きますが，空間統計モデルはそうではなく，誤差項間に相関を認めるモデルとなっています．今回は地域という典型的な例を利用しましたが，この応用例として，ソーシャル・ネットワークの分析や，同じデモグラフィック属性を持つ人間に対し相関を認めるモデルなどが考えられます．問題点として，適切なWの決め方が難しい，またサンプル・サイズが大きいと分散共分散行列の逆行列の計算が困難になることがありますが，応用分野は広く，新しい統計モデリングの可能性を秘めた分析モデルといえるでしょう．

◆ハミルトニアン・モンテカルロ法◆

ハミルトニアン・モンテカルロ法は，別名ハイブリッド・モンテカルロ法とも呼ばれ，Duane らによって 1987 年に物理学の専門誌に発表された手法です．6 章で紹介したマルコフ連鎖モンテカルロ法は，乱数の発生が前のステップに依存する場合，パラメータの移動距離を大きくしようとしたら，移動の確率が低くなるという欠点がありました．ハミルトニアン・モンテカルロ法では，パラメータの関数である事後分布に加えて，物理学の概念である運動量を導入してパラメータの移動を行い，乱数発生させます．するとパラメータの移動距離を大きくしても移動の確率を高めることができ，効率の良いサンプリングを行うことができます．実際にほぼ移動の確率は 100％で独立な乱数を発生させることができる場合もあります．その計算には，対数事後分布を微分して微分方程式の解を近似するなどが必要ですが，Stan では (1) データの入力，(2) 推定パラメータと (3) モデルの指定をすれば自動的に計算をしてくれますので，簡単にハミルトニアン・モンテカルロ法を実行することができます．

ビジネスのなかのベイズ統計

本書では,ベイズ統計の基礎的考え方とその展開について説明してきました.
最終章である本章では,少し視点を変えて,ここまでに登場しなかった様々な手法を幅広く紹介したいと思います.
本章では,企業でビジネス活動に関わっている多くの人たちにとって身近に感じられるであろう3つの場面を取り上げ,課題,注目すべきポイント,ベイズ的アプローチ,解決例を紹介します.個々の手法の技術的詳細には立ち入らず,ベイズ的アプローチの特徴と意義に焦点を当てることにします.ベイズ統計の考え方は,ビジネス実務に対して強力な武器を提供してくれます.その様子を,事例を通じて感じていただければと思います.

9.1 複数の予測を結合する

> 部品メーカーX社では,毎年度末にある製品の次年度の受注額についての予測を行っている.
> この会社では,3人のベテラン社員が予測を担当している.3人は,それぞれの経験と独自の情報源を生かし,独立に予測を行っている.
> どの社員の予測も,次年度の受注額を偏りなく予測していると考えられる.しかし,どの社員の予測も完璧とはいえず,ある程度の誤差を含んでいる.そのため,3人が提供する予測値は,少しずつ異なっている.
> 来年度の受注額についての3人の予測を,1つの予測値に集約したい.どうすればよいだろうか?

少し極端な事例ですが,これに類した状況は多くの企業で頻繁に生じている

と思います．つまり，ある事柄について予測を提供する仕組み（予測モデル，担当部署，社外専門家など）が複数個存在し，異なる予測値をもたらしている，という状況です．

1つの解決策は，既存の仕組みを見直し，それらすべてを上回る新たな予測の仕組みを構築する，というものです．しかしこのアプローチは，コストや時間の観点からみて実現困難であることも多いと思います．

既存の仕組みの中から最も良いと思われる仕組みを1つ選び，それが提供してくれる予測値だけを採用する，というアプローチもあり得ます．しかし，せっかく様々な情報に基づく複数の予測が得られているのに，ある1つの予測だけを採用し，他の予測を捨ててしまうのは，もったいないようにも思われます．

そこで，既存の仕組みから得られる複数の予測を組み合わせ，1つの予測値を作りだそう，という考え方が登場します．この考え方は予測の結合と呼ばれています．

本節では，予測の結合に対するベイズ的アプローチを紹介します．

9.1.1 注目ポイント

予測の結合を行う最も簡単な方法は，すべての予測値を単純に平均してしまうことです．しかし単純平均には次のような限界があります．

- 単純平均は，個々の予測の誤差の大きさを考慮していません．上の事例でいえば，3人の社員のなかには予測の誤差が他の人と比べて小さい人や，大きい人がいるかもしれません．予測を結合する際には，誤差の小さい予測をより重視するのが合理的でしょう．
- 単純平均は，予測誤差のあいだの相関を考慮していません．上の事例でいえば，予測を行う3人のなかには，共通する情報源に頼っていたり，類似した予測方法にもとづいている人がいたりするかもしれません．多様な予測を結合するという観点からは，類似した性質を持つ予測よりも，他と異なる予測を重視したほうがよいかもしれません．

9.1.2 ベイズ的アプローチ

■ ベイジアン合意モデル

ベイズ統計の観点からみると，予測の結合は，意思決定者が自分の信念をベイズ更新するプロセスとして捉えることができます．

来年度の受注額を θ とします．意思決定者（たとえば社長）は，来年の受注額について，社員の予測を聞く前になんらかの信念を持っていると考え，それを確率分布 $f(\theta)$ として表しましょう．

予測を行っている社員の数を k 人とし，予測をそれぞれ $z_1, \cdots, z_k$ とします．意思決定者はこの k 個の予測値を踏まえ，来年度の受注額についての自分の信念を更新すると考えることにしましょう．更新した後の信念を，条件付き確率分布 $f(\theta|z_1, \cdots, z_k)$ として表しましょう．

すると，意思決定者によるこの信念の更新は，ベイズの定理を用いて次のように表現できます．

$$f(\theta|z_1, \cdots, z_k) \propto f(z_1, \cdots, z_k|\theta) f(\theta) \tag{9.1}$$

ここで，$f(\theta|z_1, \cdots, z_k)$ は θ の事後分布，$f(\theta)$ は θ の事前分布と呼ばれています．$f(z_1, \cdots, z_k|\theta)$ は，「来年度の受注額が θ であるという条件の下で，k 個の予測値が $z_1, \cdots, z_k$ となる確率」を表しています．この条件付き確率は，定数 $z_1, \cdots, z_k$ の下での θ の関数と捉えることもできます．その見方からは，この関数は尤度関数と呼ばれています．

意思決定者が予測 $z_1, \cdots, z_k$ を踏まえ，受注額の予測値を1つ求めるならば，それは事後分布 $f(\theta|z_1, \cdots, z_k)$ の平均とするのがふさわしいでしょう．したがって，事前分布 $f(\theta)$ と尤度関数 $f(z_1, \cdots, z_k|\theta)$ をうまく定義した上で，事後分布 $f(\theta|z_1, \cdots, z_k)$ の平均がどういう性質を持つかを調べれば，予測を結合する良いやりかたがわかるはずです．

予測の結合に対するこのアプローチは**ベイジアン合意モデル**と呼ばれ，1980年代にさかんに研究が行われました．ベイジアン合意モデルにおいて鍵となるのは，事前分布と尤度をどのように定義するかという点です．

■ Winkler のモデル

ここでは，ベイジアン合意モデルの1つであるWinkler（1981）のモデルを紹介しましょう．

Winkler は，個々の予測値が実現値の不偏な推定であり，かつ予測の誤差が一定の多変量正規分布に従うという前提の下で[1]，尤度関数がどのような形式となるかを示しました．さらに Winkler は，意思決定者が予測対象である変数について特に知識を持っておらず，予測値の誤差の分散と相関についてもデータから得られる以上の知識を持っていないと想定したとき，事後分布の平均が下式となることを示しました．

$$\hat{\theta} = \frac{\mathbf{1}'S_0^{-1}\mathbf{z}}{\mathbf{1}'S_0^{-1}\mathbf{1}} \tag{9.2}$$

ただし，$\mathbf{1}=(1,\cdots,1)'$，$\mathbf{z}=(z_1,\cdots,z_k)'$ であり，S_0 は k 個の予測誤差の共分散についての私たちの事前知識を表す行列です．右辺はベクトルと行列の組み合わせですが，得られる $\hat{\theta}$ はスカラーです．

行列 S_0 の決め方についてはいくつかの考え方があります．Winkler（1981）は，過去の予測誤差から得た標本共分散行列を用いるというアイデアをあげています．このアイデアに従えば，予測を結合するためには，

(1) k 個の予測について，過去データから予測誤差の共分散行列を求め，
(2) その逆行列を求め，
(3) 要素を横方向に合計し，
(4) 和が1になるように調整し，

---

[1] この2つの前提を X 社の事例にあてはめると，1点目は，3人の予測のいずれについても予測の誤差は長い目で見れば平均0となる，ということを表しています．2点目は，3人の予測の誤差がそれぞれ正規分布に従うということ，誤差のばらつきは3人の間で異なるかもしれないし誤差と誤差の間には相関があるかもしれないが，誤差のばらつきと相関の大きさは年度や実現値の大きさとは無関係であり長い目で見れば一定の値となるということ，を表しています．
これらの前提が目の前の課題に対して無理がないかどうか，慎重に判断する必要があります．その判断のためには，過去の予測における誤差の分布を観察することが，1つの手助けになるかもしれません．しかし，過去の予測データは少ない場合が多いので，判断の決め手にはなりにくいでしょう．また，仮に長期間にわたる大量の予測データが手に入る場合であっても，それだけの長期間にわたって予測の性質が変わらないと考えることに無理が生じます．
この問題に限らず，モデルの前提がデータにあてはまっているかどうかの判断は，モデルと現象についての深い理解を必要とする，大変難しいプロセスです．X 社の事例の場合では，過去の予測を観察するだけではなく，まず3人の社員がどのようにして予測値を生み出しているのかを調べる必要があるでしょう．

(5) これを重みとして k 個の予測値を足し上げればよい
ということになります．

9.1.3 解決例

X社の事例について，3人の社員の過去5年間の予測結果と予測誤差，ならびに来年度の予測を示します（表9.1）．

予測誤差の大きさをみてみましょう．Cさんの予測の誤差は，AさんとBさんに比べて少し小さめです．

3人の予測の誤差の相関を調べてみましょう．Bさんの予測の誤差とCさんの予測の誤差は，かなり高い相関を持っていることがみてとれます．

では，Winklerのモデルに基づき，3人の予測を結合してみましょう．
3人の過去5年間の予測誤差について共分散行列を求めると

$$\begin{bmatrix} 4.64 & -3.96 & -1.64 \\ -3.96 & 7.04 & 2.96 \\ -1.64 & 2.96 & 1.84 \end{bmatrix}$$

その逆行列は

$$\begin{bmatrix} 0.41 & 0.24 & -0.02 \\ 0.24 & 0.58 & -0.72 \\ -0.02 & -0.72 & 1.68 \end{bmatrix}$$

予測結合のための重みは，各行の和+0.64，+0.10，+0.95を総和+1.69で割った値，すなわち+0.38，+0.06，+0.56となります．これを用いて3つの予測を結合すると，

$$(0.38 \times 52) + (0.06 \times 55) + (0.56 \times 57) = 55.0$$

表9.1 X社の予測

	実現値	予測値			予測誤差			予測誤差の二乗和		
		A	B	C	A	B	C	A	B	C
5年前	50	53	46	49	3	-4	-1	24	37	10
4年前	52	49	54	54	-3	2	2			
3年前	58	59	59	58	1	1	0	予測誤差の相関		
2年前	55	54	59	57	-1	4	2		A	B	C
本年度	56	54	56	55	-2	0	-1	A	1	-0.69	-0.56
来年度	?	52	55	57				B		1	0.82
					単位: 百万円			C			1

となります．Cさんの予測が最も重視され，次にAさんの予測が重視される結果となっています．

なお，Winklerは事後分布 $f(\theta|z_1,\cdots,z_k)$ の形状とその分布パラメータの推定式も与えています．ですから，このモデルを用いれば，予測を結合する方法（事後分布の平均の求め方）がわかるだけでなく，結合した予測がどれほど確からしいかを評価することもできるわけです．

このように，ベイズ統計の枠組みは予測の結合という問題に対して強力な武器を提供しています．

9.2 イノベーションの普及を予測する

> 家電メーカーY社では，数年前にある画期的な新製品を発売した．Y社では，これからこの製品が市場にどのように普及していくかを予測したいと考えている．良い方法はないだろうか？

企業はイノベーションを生み出し，それを製品・サービスとして市場に普及させていくことに心血を注いでいます．イノベーションの市場普及プロセスについて理解し今後の普及について予測することは，ビジネスにとって重要な問題です．

本節では，イノベーション普及に関して最も広く用いられているモデルであるBassモデルを紹介し，その推定に際してのベイズ統計の活用について述べます．

9.2.1 注目ポイント

■ イノベーション普及プロセスの多様性

イノベーションの普及プロセスには様々なパターンがあります．図9.1は，過去に2つのイノベーションについてその普及プロセスを示したものです．普及速度がピークに達するまでの年数も，その後の速度の変化も異なっています．

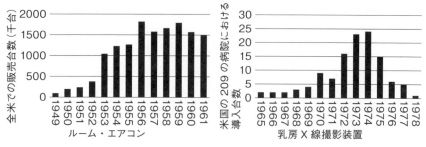

図 9.1 イノベーションの普及プロセス (Mahajan, Mason, & Srinivasan 1985)

こうした多様なパターンは，普及プロセスに影響する様々な要因に起因しているものと考えられます．たとえば，消費者向けの新製品のなかには，それを店頭で一目見ただけで欲しくなってしまうような製品もあるでしょう．また，まわりの人々のうちある程度の割合の人々が使っているのを知って，はじめて自分でも使ってみようかと感じるような製品もあるでしょう．普及を支える要因のこのような違いが，普及プロセスの多様性を生み出しているものと思われます．

■ Bass モデル

イノベーションの普及プロセスが示すこうした様々なパターンを数理的なモデルで表現しようという試みは，長い歴史を持っています．そのなかで最も一般的に用いられているのが，Bass（1969）が提案したモデルです．このモデルは提唱者の名前をとって **Bass モデル** と呼ばれています．

まず，ある人のイノベーション受容について考えてみましょう．ここでいう受容とは，たとえば「画期的な新製品を初めて買うこと」に相当します．すでに受容している人はいったん視野の外に置き，まだ受容していない人に注目して，その人がある時点 t にイノベーションを受容する確率を次のように捉えます．

$$P(t) = p + \frac{q}{m} Y(t) \tag{9.3}$$

ただし，$Y(t)$ は時点 t においてすでに受容している人の人数を表します．

このモデルは 3 つの係数を持っています．m は潜在的受容者の人数を表し

ます．p は，これまでにイノベーションを受容していない人が，他の人とは無関係に自発的に受容する程度を表している，と解釈できます．q は，これまでにイノベーションを受容していない人が，すでに受容している人たち（その割合は $Y(t)/m$）に影響されて受容する程度を表していると解釈できます．ここから，p は**革新係数**，q は**模倣係数**と呼ばれています．

(9.3) 式ではイノベーション未受容者の受容確率に注目しましたが，未受容者は時間とともに減っていき，時点 t では $m-Y(t)$ 人です．ですから，時点 t において生じる受容者数は，

$$S(t) = \left(p + \frac{q}{m}Y(t)\right)(m - Y(t)) \tag{9.4}$$

となります．耐久消費財のような購買サイクルが長い製品を想定し，1人の顧客が同じ製品を複数個購入することがないとみなせば，$S(t)$ は時点 t における売上個数，$Y(t)$ は時点 t の直前までの累積売上個数に相当します．

図 9.2 では，革新係数 p と模倣係数 q のいくつかの値について，それに対応する普及プロセスを示しています．徐々に普及の速度が上昇する場合，下降する場合，ある時点まで上昇しその後は下降する場合など，いろいろな曲線が表れています．このように，Bass モデルはその非常に単純な定式化にも関わらず，多様な普及プロセスを表現することができます．

いま関心を持っているイノベーションの実際の普及の推移（たとえば新製品・新サービスの初回購入者数の推移）に Bass モデルを当てはめ，p, q, m を推定すれば，今後の普及の予測に活用することができます．

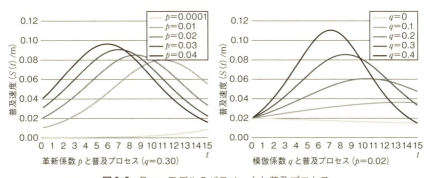

図 9.2 Bass モデルのパラメータと普及プロセス

■ 普及の初期段階における Bass モデルの推定

このように，Bass モデルはビジネス実務において非常に有用なモデルなのですが，その反面，次の問題点を持っています．

イノベーションの普及プロセスの予測が切実に求められるのは，そのイノベーションが普及する初期の段階です．市場への普及がおおかた終わってしまってからでは，今後の予測にはあまり意味がありません．

しかし，あるイノベーションの普及の推移を表す時系列データに Bass モデルを当てはめ，3つのパラメータについて推定するには，普及開始からある程度の長さの期間についてのデータが必要です．つまり，肝心の普及初期の段階では，信頼できる推定が得られないのです．

9.2.2 ベイズ的アプローチ

ベイズ統計の観点からみると，イノベーション普及モデルの推定も，意思決定者が自分の信念をベイズ更新するプロセスとして捉えることができます．

いま推定したいのは，いま関心を持っているイノベーションの普及プロセスを表す，Bass モデルの3つのパラメータ p, q, m です．

企業は多かれ少なかれ，過去のイノベーションについて普及プロセスを観察しているはずです．それらの経験にもとづき，p, q, m がどのような値をとるか，ある程度の「あたり」をつけることができるはずです．これを確率分布 $f(p, q, m)$ として表現しましょう（**事前分布**）．

いっぽう手元には，当該のイノベーションの普及の推移を表す時系列データ $z_1, \cdots, z_T$ もあります．普及初期の段階では，この時系列データは短く，ここから p, q, m を推定するのは難しいでしょう．しかしその場合でも，「真のパラメータが p, q, m であるとき，時系列データとして $z_1, \cdots, z_T$ が得られる確率」$f(z_1, \cdots, z_T | p, q, m)$ を定義することは可能かもしれません（**尤度関数**）．

事前分布と尤度関数がうまく定義できれば，ベイズの定理に従って，p, q, m についての**事後分布** $f(p, q, m | z_1, \cdots, z_T)$ を次のように求めることができます．

$$f(p, q, m | z_1, \cdots, z_T) \propto f(z_1, \cdots, z_T | p, q, m) f(p, q, m) \quad (9.5)$$

上の式は，過去の経験から得られたイノベーション普及プロセスについての「あたり」を，いま関心があるイノベーションのこれまでの普及プロセスに

よって更新する様子を示しています．得られた事後分布を用いれば，今後の普及プロセスについて予測することができます．

9.2.3 解決例

それでは，Y社の事例に近い事例を用いて，Bassモデルを推定する様子を簡単なデータで示しましょう．データを表9.2に示します[2]．これはある耐久消費財の普及プロセスを示しており，普及開始から6期分の受容者数が分かっています．

■ **普及が進んだ後のBassモデル推定**

ベイズ的アプローチについて紹介する前に，普及がある程度進んだ段階での推定について紹介しましょう．6期分のデータをすべて用いてBassモデルを推定してみます．

Bassモデルの推定方法はいくつか提案されているのですが，ここでは最も簡略な方法を紹介しましょう[3]．この方法では，(9.4)式を次のように変形します．

$$S(t) = a + bY(t-1) + cY(t-1)^2 \tag{9.6}$$

表9.2 データ例

期	新規受容者	累積受容者数
1	0.747	0.747
2	1.480	2.227
3	2.646	4.873
4	5.118	9.991
5	5.777	15.768
6	5.982	21.750

単位：百万人

---

[2] 1963年から1968年までのアメリカのカラーテレビ販売台数（Vanhonacker, Lehmann, & Sultan, 1990）を用いています．
[3] ここで紹介する方法よりも，(9.6)式とは別の形に変形した式を非線形回帰分析という手法で推定するほうが適切な結果が得られることが知られています．Rでのコード例が里村（2010）に紹介されています．

	A	B	C	D	E	F	G	H	I
1	期 (t)	新規受容者数 (S(t))	累積受容者数 (Y(t))	前期までの累積受容者数 (Y(t-1))	その二乗 (Y(t-1)^2)	新規受容者数の予測	累積受容者数の予測	前期までの累積受容者数の予測	その二乗
2	1	0.747	0.747			0.96092	0.96092		
3	2	1.48	2.227	0.747	0.558	1.79929	2.7602	0.96092	0.92336
4	3	2.646	4.873	2.227	4.9595	3.18044	5.94064	2.7602	7.61872
5	4	5.118	9.991	4.873	23.746	5.02015	10.9608	5.94064	35.2912
6	5	5.777	15.768	9.991	99.82	6.36016	17.3209	10.9608	120.139
7	6	5.982	21.75	15.768	248.63	5.30831	22.6292	17.3209	300.015
8	7					2.07748	24.7067	22.6292	512.083
9	8					0.23018	24.9369	24.7067	610.423
10	9					0.00533	24.9422	24.9369	621.85
11	10					7.6E-05	24.9423	24.9422	622.115
12									
13			c	b	a				
14			-0.038	0.909	0.9609				
15									
16			M	P	Q				
17			24.942	0.0385	0.9475				

図 9.3 Excel による Bass モデル推定

$$m=\frac{-b-\sqrt{b^2-4ac}}{2c}, \quad p=\frac{a}{m}, \quad q=-cm$$

この式を用いると，通常の重回帰と同じ手順で Bass モデルを推定できます．Excel での計算例を図 9.3 に示します．

- 表 9.2 のデータを A 列，B 列，C 列に入力します．7 期目以降はデータがないので空欄にしておきます．
- D 列には C 列の値を下に 1 行ずらして表示します．セル D3 に数式=C2 を入力し，D4:D7 のセルにコピーします．
- E 列では D 列の二乗を算出します．セル E3 に数式=D3*D3 を入力し，E4:E7 にコピーします．
- B 列の時点 2 以降を従属変数，D 列・E 列の時点 2 以降を独立変数とした重回帰分析を行います．ここでは Excel の LINEST 関数を用いるこ

とにします．セル C14：E14 を選択した状態で，数式=LINEST(B3:B7,D3:E7,TRUE,FALSE) を入力し，Ctrl キーと Shift キーを押しながら Enter キーを押します．得られる計算結果は，左から順に (9.4) 式の c, b, a を表しています．

- m, p, q を求めます．以下の数式を入力します．
    ▶ セル C17 に=(-D14-SQRT(D14^2-4*C14*E14))/(2*C14)
    ▶ セル D18 に=E14/C17
    ▶ セル D19 に=-C14*C17
- 1 期目のみについて，予測値を求めます．
    ▶ セル F1 に数式=$E$14 を入力します．
    ▶ セル G2 に数式=SUM($F$2:F2) を入力します．
- 2 期目以降について，予測値を求めます．
    ▶ セル H3 に，数式=G2 を入力します．
    ▶ セル I3 に，数式=H3^2 を入力します．
    ▶ セル F2 に，数式=$E$14+$D$14*H3+$C$14*I3 を入力します．
    ▶ セル G2 をセル G3 にコピーします．
    ▶ セル F3：I3 を下の行へとコピーしていきます．

推定結果から以下の点が見て取れます．

- 新規受容者数と累積受容者数について実現値と予測値を比較してみると，ある程度の一致がみられています（図 9.4）．普及プロセスを一定程度まで説明するモデルが得られたといえるでしょう．
- 革新係数 p は 0.039，模倣係数 q は 0.948 と推定されました．この製品の受容に対してはすでに受容している人々の影響が大きい，ということが示唆されています．
- 潜在的受容者数 m は 24.942 と推定されました．つまり，この製品は最終的に 2494 万人に受容される，という予測が得られました．6 期目の段階ですでに 2175 万人に受容されていますから，この製品の普及プロセスはもはや終盤である，と予測されていることになります．予測値をみても，7 期目以降は普及の速度が低くなり，累積受容者数はほとんど上昇しなくなると予測されています．

さて，この方法では，第 2 期から第 6 期までの 5 期分のデータを用いて推定

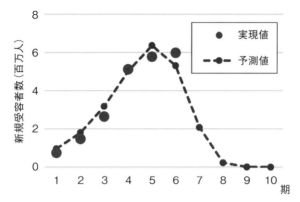

図 9.4 普及が進んだ段階で推定された普及プロセス

しました．この推定方法は，ある程度の時点数のデータがないとうまくいきません[4]．したがって，普及初期の段階ではうまく推定できません．

■ 普及初期における Bass モデル推定

では，普及初期の段階でも推定が可能なベイズ的アプローチについて紹介しましょう．いくつかの方法が提案されていますが[5]，ここでは Vanhonacker ら (1990) が提案している方法を紹介します．

彼らの方法は次の通りです．

- 過去の普及プロセスの事例をあつめ，それらに 1 つずつ (9.6) 式をあてはめて，p, q, m を推定します．過去の事例ですから，普及開始から十分な時間が経っており，したがって信頼できる推定値が得られるはずです．
- それぞれの事例の特徴を説明変数とし，p, q, m がどのような値になるかを予測するモデルを作ります（メタ分析モデル）．このモデルから，p, q, m の事前分布を得ることができます．
- この事前分布を，いま関心があるイノベーションのこれまでの普及の推

---

4) 興味のあるかたは，LINEST 関数に与えるデータ範囲の行数を減らして試してみてください．奇妙な推定結果になったり，そもそも推定値が得られなくなったりします．
5) ここで紹介する Vanhonacker らの方法のほかに，本書 7 章で扱った階層ベイズ推定を用いる方法が提案されています（Lenk & Rao, 1990）．

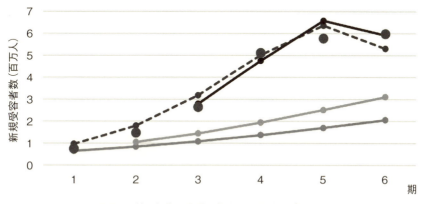

図 9.5 普及初期の段階で推定された普及プロセス

移によってベイズ更新します．これまでの普及推移の値がまだ1時点しかなくても，更新は可能です．
- 得られた事後分布によって，今後の普及プロセスを予測します．

Vanhonacker らは，過去に公表された19個のイノベーションの普及プロセスを分析しメタ分析モデルを構築しました．このメタ分析モデルを用いると，耐久消費財における p, q, m の事前分布が得られます．この事前分布を，本節で取り上げた耐久消費財のデータを第1期から順に用いて更新していきます．

計算手順は省略し，Vanhonacker らが示した計算結果のみを示します．

事前分布の平均：
$$m = 30.852, \quad p = 0.21, \quad q = 0.334$$
1期目の新規受容者数を用いて得た事後分布の平均：
$$m = 31.445, \quad p = 0.24, \quad q = 0.438$$
2期目までの新規受容者数を用いて得た事後分布の平均：

$$m = 24.489, \quad p = 0.31, \quad q = 1.044$$

事前分布と2つの事後分布にもとづく予測を図9.5に示します。

過去事例から得た事前分布を用いた予測は低めです。1期目の実現値によって更新した事後分布を用いると，予測は少し高めになっています。2期目までの実現値によって更新すると，予測はさらに高くなり，6期分のデータを用いたときの予測に近くなっています。

このように，ベイズ的アプローチを用いると，普及開始直後の段階では過去事例にもとづく予測を行い，データの蓄積とともに，実際の普及の推移に即した予測へとスムーズに移行していくことができます。

イノベーションの普及を捉えるうえで，これはとても有用な性質です。

9.3 ブランド・イメージを測定する

9.3.1 課題

> アパレル・メーカー Z 社では，定期的に潜在顧客を対象とした消費者調査を行い，自社ブランド・競合ブランドのイメージを測定している。
> これまでの経験から，これらのブランドのイメージは，主に「親しみやすさ」と「高級感」の2つの要素で構成されていることがわかっている。
> Z 社では，9個のイメージ項目を用い，この2つのイメージ要素を測定している。これまでに行った調査と分析により，9項目のうち4項目は「親しみやすさ」，5項目は「高級感」を反映しているものと考えられている。
> ところが，近年の消費者の変化に伴い，9個のイメージ項目と2つのイメージ要素との対応関係に疑念を持つ声が，社内から上がるようになった。
> 最新の調査データを用いて，この疑念にこたえたい。どうしたらよいだろうか？

消費者が抱いているブランド・イメージの測定は，多くの企業にとっての関心事となっています。

ブランド・イメージは抽象的な概念であり，直接的に聴取するのは困難です。そのため，消費者調査におけるイメージ測定では，多くのイメージ項目を

用いてブランドを評価するように求め，それらへの回答を用いて，消費者がそのブランドに抱いているイメージを，いくつかの抽象的要素として表現するのが一般的です．

そのためには，数多くの調査項目への回答から，抽象的イメージ要素の強さを推定する手続きが必要になります．この手続きの構築は，当該の領域についての十分な知識と，適切なデータ分析の両方が求められる，複雑な作業です．

本節では，こうした場面で広く使われている**因子分析**という手法を紹介し，ベイズ統計が因子分析にもたらした大きな貢献について述べます．

9.3.2　注目ポイント

■　ブランド・イメージについての調査

まず，ブランド・イメージについて全く事前知識がない場合について考えてみましょう．つまり，Z 社の事例とは異なり，消費者がアパレル・ブランドについてどのようなイメージを持っているのか全くわからないという状況です．

こうした状況では，次の 2 つのステップをたどるのがよいでしょう．

- ステップ 1：　アパレル・ブランドのイメージを反映していると考えられる様々な言葉を幅広く集める．
- ステップ 2：　それらの言葉がお互いにどのような関連を持ち，その背後にどのようなイメージ要素が隠れているかを調べる．

ステップ 1 の成果として，図 9.6 のようなアンケート調査の項目を作ることができた，としましょう．

あなたはブランド「＿＿＿＿＿＿」についてどのような印象をお持ちですか。
当てはまる箇所に印をつけてください。

	全くあてはまらない	あまりあてはまらない	どちらともいえない	ややあてはまる	よくあてはまる
落ち着いた					
知的な					
…					
…					
…					
…					
…					
…					
…					

図 9.6　アンケート調査の項目

対象者番号	回答(「全くあてはまらない」を1、「よくあてはまる」を5とする)					
	落ち着いた	知的な	⋮	⋮	⋮	⋮
1	3	4	3	2	1	…
2	1	5	2	4	2	…
3	3	4	4	3	3	…
…	…	…	…	…	…	…

図 9.7　データ

さらにステップ2では，潜在顧客に対してこれらのイメージ項目への回答を求め，図9.7のようなデータを得た，としましょう．様々な人の様々なブランドへの回答が行で表され，調査項目が列で表されています[6]．

■ 探索的因子分析

探索的因子分析とは，上で述べたようなデータについて，それが図9.8のような仕組みで生成されていると想定し，その仕組みを推測しようとする分析手法です．

図9.8は，それぞれの項目に対する回答が，実は少数の抽象的なイメージ要素を反映しているということを表しています．因子分析では，観察されたデータの背後にあると想定されるこうした変数のことを因子と呼びます．また，各項目と因子との関係の強さを負荷量と呼びます．

探索的因子分析では，因子の数や負荷量については，事前の想定がありません．探索的因子分析はこうした漠然とした想定から出発し，データにもとづいて，因子の数と各項目の因子に対する負荷量を推定し，その結果にもとづい

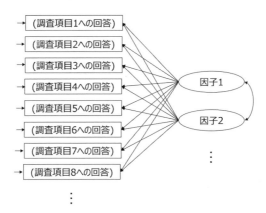

図9.8 探索的因子分析

---

[6] この例では，データの行は回答者とブランドの組み合わせです．つまり正確には，このデータは {回答者，ブランド，調査項目} の**三相データ**となっています．

三相データの扱い方については注意すべき点が多数ありますが，その議論に踏み込むと，本節の主題から離れてしまいます．ここでは説明の都合上，データの行が回答者とブランドの組み合わせとなっていることを無視して考えます．

あまり現実的ではありませんが，ブランドが非常にたくさんあり，回答者がそれぞれ異なるブランドについて回答しているような状況を想像するとわかりやすいかもしれません．

て，それぞれの因子について解釈します．

■ 確認的因子分析

今度は，ブランド・イメージについてかなり明確な事前知識がある場合について考えてみましょう．

いま，消費者がアパレル・ブランドについて抱くイメージは，主に「親しみやすさ」と「高級感」の2つの因子で構成されている，ということがすでにわかっているとします．さらに，調査項目が9個あり，そのうち「落ち着いた」などの5項目は「高級感」因子を反映する項目であり，「若々しい」などの4項目は「親しみやすさ」因子を反映する項目である，ということもわかっているとします．

このような場面では，**確認的因子分析**が強力な武器となります．図9.9は，確認的因子分析において想定されるデータ生成の仕組みの例を示しています[7]．確認的因子分析では，こうした想定から出発し，データにもとづいて各項目の因子に対する負荷量を推測していきます．

確認的因子分析は，因子の解釈が事前に定まっているぶん，結果の解釈が容易です．また，推定結果も探索的因子分析と比べて安定しています．ですから，ブランド・イメージについて明確な事前知識を持っている場合には，それ

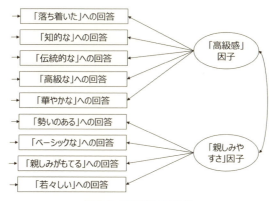

図9.9 確認的因子分析

---

7) 項目名は朝野（2010）が紹介している事例から引用しました．

を無視して探索的因子分析を行うのではなく，事前知識を生かした確認的因子分析を行うのが適切です[8]．

■ **準探索的な因子分析**

Z社の事例に戻りましょう．

この事例では，因子数とその解釈については明確な事前知識があります．しかし，項目と因子との関係については，事前知識はあるものの，その妥当性が疑われています．分析者は，どの項目がどの因子を反映しているのか，もはや確信を持つことができずにいます．

つまりこの事例は，確認的因子分析を行うことができるほど明確な事前知識はないが，探索的因子分析からやり直すほどまっさらな状態でもない，という事例です．探索的な状況と確認的な状況との中間に位置するような状況，いわば**準探索的**（ないし準確認的）な状況であるといえます．

こうした状況は，ブランド・イメージ測定の実務においては珍しくありません．企業・組織は多くの場合，ブランド・イメージについてある程度の経験と知識を持っています．しかしその知識は，市場環境の変化に伴い，現実の消費者から少しずつずれたものとなっていきます．分析者の課題は，自分たちが持っている消費者についての知識を，現実の消費者から得たデータによってアップデートしていくことだ，といえます．その意味で，多くの消費者データ分析は準探索的だ，ともいえるでしょう．

因子分析は，長い歴史のなかで精緻化された大変有用な手法です．しかし，こうした準探索的な状況においては，従来の諸手法は便利なものだとはいえません[9]．

9.3.2 ベイズ的アプローチ

ベイズ統計の観点からみると，因子分析もまた，分析者がデータ生成メカニ

---

8) 確認的因子分析についてのわかりやすい入門書として，朝野・鈴木・小島（2005）があげられます．
9) 準探索的状況における因子分析の活用手法として，探索的因子分析の文脈では事前知識を用いた回転手法が，確認的因子分析の文脈では修正指標の利用が挙げられます．これらの手法もそれぞれに有用ですが，次項で述べるベイジアン因子分析は，不確実な事前知識をモデルに組み込めるという点で，準探索的状況に対処するためのより優れた枠組みを提供しています．

9.3 ブランド・イメージを測定する

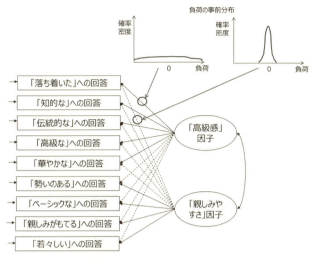

図 9.10 ベイジアン因子分析

ズムについて持っている信念をベイズ更新するプロセスとして捉えることができます．この観点に立つ因子分析を，以下では**ベイジアン因子分析**と呼ぶことにしましょう[10]．

ベイジアン因子分析では，因子負荷量についての事前の信念を確率分布として表現します（**事前分布**）．つまり，各項目が各因子に対して持っている負荷量の1つ1つについて，その大きさについての信念を確率分布の形で表現するのです（図 9.10）．特に信念がない箇所は，とても大きい分散を持つ確率分布として表現します．いっぽう「この項目はこの因子を反映していないだろう」と思われる箇所は，平均が0であり小さな分散を持つ確率分布によって表現します．

項目が因子に対して持っている真の負荷量を行列 L として表現しましょう[11]．負荷量についての事前の信念（事前分布）を $f(L)$ とします．

手元のデータを D とします．いま，「真の負荷量が L であるとき，データ

---

10) ここで紹介するのは，Muthen & Asparouhov (2012) が提唱する，因子分析へのベイズ的アプローチです．Muthen らはこの手法をベイジアン SEM と呼んでいます．ここでは分かりやすさを重視し，ベイジアン因子分析と呼ぶことにします．
11) 因子分析では他にも推定対象となるパラメータがありますが，説明を分かりやすくするために，以下では負荷量のみについて取り上げます．

として D が得られる確率」$f(D|L)$ がうまく定義できたとしましょう（**尤度関数**）．そのとき私たちは，ベイズの定理に従って，L についての**事後分布** $f(L|D)$ を，次のように求めることができます．

$$f(L|D) \propto f(D|L) f(L) \qquad (9.7)$$

ベイジアン因子分析は，従来の因子分析手法と次の3つの点が異なります．

- 負荷量についての想定を確率分布（事前分布）として与えます．
- 推定結果の表現が異なります．負荷量は単なる点推定値ではなく，確率分布（事後分布）として表現されます．
- 推定手法が全く異なります．

1点目に挙げた，因子負荷量に対する事前の想定という点について，探索的因子分析，確認的因子分析，そしてベイジアン因子分析を比較してみましょう．

- 探索的因子分析は，項目と因子との関係について事前の知識がない状態からスタートします．つまり，因子負荷量について未知である状態からスタートし，項目と因子のすべての組み合わせについて，負荷量の値を推定します．
- 確認的因子分析は，どの項目がどの因子を反映しているかが分かっている状態からスタートします．つまり，項目と因子の組み合わせのうち，どこの負荷量が0であり，どこの負荷量が0でないかが確定している状態からスタートし，0でない負荷量の値だけを推定します．
- ベイジアン因子分析では，どの項目がどの因子を反映しているかについてのあいまいな知識からスタートすることができます．つまり，項目と因子のすべての組み合わせについて，負荷量がどのような値を持っているかという事前の知識を確率分布として表現し，これを事前分布とします．探索的因子分析とは異なり事前の信念を活用しますが，確認的因子分析とは異なり，その信念を確定的に表現するのではなく確率的に表現する，という点がポイントです．

このようにベイジアン因子分析では，あいまいな事前知識を確率の形で表現し，事前分布としてモデルに組み込むことができます．この手法は，特に準探索的状況において大変有用な道具となります．

9.3 ブランド・イメージを測定する

表9.3 推定された因子負荷量

	探索的因子分析		確認的因子分析		ベイジアン因子分析	
	因子1	因子2	高級感	親しみやすさ	高級感	親しみやすさ
落ち着いた	0.89	0.01	0.89		0.85	0.05
知的な	0.90	-0.02	0.89		0.88	0.01
伝統的な	0.90	-0.01	0.90		0.88	0.02
高級な	0.89	0.01	0.89		0.83	0.06
華やかな	0.91	-0.04	0.90		0.90	0.00
勢いのある	0.90	-0.02		0.90	0.34	0.55
ベーシックな	0.82	0.21		0.88	-0.08	0.96
親しみがもてる	0.84	0.17		0.89	-0.02	0.91
若々しい	0.84	0.22		0.88	-0.07	0.96

9.3.3 解決例

Z社の事例に相当するデータを用い,探索的因子分析,確認的因子分析,そしてベイジアン因子分析を用いた準探索的な因子分析の結果を紹介しましょう[12]。

この事例では,「落ち着いた」「知的な」「伝統的な」「高級な」「華やかな」の5項目が「高級感」因子を反映し,「勢いのある」「ベーシックな」「親しみがもてる」「若々しい」の4項目が「親しみやすさ」因子を反映していると想定されています.

推定された負荷量を表9.3に示します.

---

[12] 架空データ(サイズ2000)に対する実際の分析結果を示します.
　探索的因子分析は2因子解を最尤法・geomin回転により推定しました.
　確認的因子分析は最尤法により推定しました. 適合度指標はカイ二乗値=101.492,CFI=0.996,RMSEA=0.038でした. 適合度指標の意義と解釈については,たとえば朝野・鈴木・小島(2005)を参照してください.
　ベイジアン因子分析においては,「高級感」因子に対する項目1-5の負荷量,ならびに「親しみやすさ」因子に対する項目6-9の負荷量に対して分散の大きな事前分布を,ほかの負荷量に対しては分散の小さな事前分布を与えました. 事前分布の指定は前者を$N(0, 10^{10})$,後者を$N(0, 0.01)$としました.
　本文中では簡略のため,探索的因子分析・確認的因子分析については負荷量の推定値のみを示します. また,ベイジアン因子分析については負荷量の事後分布の中央値を示します.

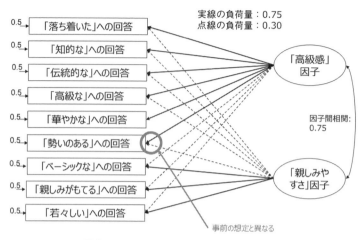

図 9.11 データの生成に用いたメカニズム

- 探索的因子分析では，2つの因子を想定したものの，推定された因子のうち因子1は「高級感」「親しみやすさ」を合わせた総合的な因子となっているようです．因子2の負荷量をよくみると，「親しみやすさ」を反映する，と事前に想定された4項目のうち3項目だけで，負荷量がわずかに高くなっていますが，この結果から積極的な解釈を行うのは難しいでしょう．
- 確認的因子分析では，推定された負荷量の値は事前の想定と一致しています．確認的因子分析では適合度と呼ばれる指標を用い，事前の想定がデータに適合しているかどうかを調べることができますが，この事例では，適合度も高い値を示しています．事前の想定が妥当であるようにみえる結果です．
- ベイジアン因子分析による準探索的な因子分析の結果をみてみましょう．事前の想定とほぼ一致する結果が得られていますが，「勢いのある」のみ，事前の想定とは異なり「高級感」への負荷量がやや高くなっています．この結果から，「勢いのある」という言葉は親しみやすさだけではなく高級感も反映しているのかもしれない，という疑いを持つことができます．

実は，ここで分析したデータは，図 9.11 に示すデータ生成メカニズムに

従って人工的に生成したデータです．このメカニズムは事前の想定とほぼ一致していますが，「勢いのある」のみ，「親しみやすさ」ではなく「高級感」を強く反映しています．どんな分析手法であれ，真のデータ生成メカニズムを確実に突き止めることができるとはいえませんが，このデータに関する限り，ベイジアン因子分析が最も真のデータ構造に迫る結果を提供していたことがわかります．

本章では3つの事例を通じて，ベイズ統計の考え方が現象に新しい光を投げかける様子を紹介しました．細部は異なるものの，どの分析手法も，その背後にベイズの定理を持ち，統計的推論をベイズ更新として捉えているという点で共通しています．

ベイズ統計の枠組みが，ビジネス実務の様々な場面に対して強力な武器を提供していることがおわかりいただけたかと思います．

引用文献

Bass, F.M. (1969) A new product growth for model consumer durables. *Management Science*, **15**(5), 215-227.

Lenk, P.J., Rao, A.G. (1990) New models from old：Forecasting product adoption by hierarchical Bayes procedures. *Marketing Science*, **9**(1), 42-53.

Mahajan, V., Mason, C.H., Srinivasan, V. (1985) An evaluation of estimation procedures for new product diffusion models. Research Paper 851, Graduate School of Business, Stanford University.

Muthen, B., Asparouhov, T. (2012) Bayesian structural equation modeling：A more flexible representation of substantive theory. *Psychological Methods*, **17**(3), 313-335.

Vanhonacker, W.R., Lehmann, D.R., Sultan, F. (1990) Combining related and sparse data in linear regression models. *Journal of Business and Economic Statistics*, **8**(3), 327-335.

Winkler, R.L. (1981) Combining probability distributions from dependent information sources. *Management Science*, **27**(4), 479-488.

朝野熙彦・鈴木督久・小島隆矢（2005）『入門共分散構造分析の実際』，講談社．

朝野熙彦(2010)『最新マーケティング・サイエンスの基礎』，講談社．

里村卓也(2010)『マーケティング・モデル』，Rで学ぶデータサイエンス13，共立出版．

付　録

A．Rの環境設定

　本書ではExcelとRを併用しながらベイズ統計を学んできました．Excelには読者も慣れていると思いますしマニュアル類もたくさん出版されていますので，ここで解説する必要はないでしょう．Rについてはまだ使ったことがない方が多いと思われますので，Windows版を例にしてその導入方法と環境設定について解説します．

■ Rのインストール

　最初にインターネットからRをダウンロードします．そのためにGoogleなどの検索サイトで，「R CRAN」などを検索して，Rが公開されているミラーサイトにアクセスします[1]．トップページにアクセスしたら，「Download R for Windows」→「base」→「Download R x.x.x for Windows」（x.x.xの部分はバージョンの更新によって変化します）を押して，Rをダウンロードしてください．ダウンロードが終わったら，ダブルクリックしてインストールを行います[2]．最初にインストール使用言語として「日本語」を選びます．そのあとは「OK」と「次へ」を押していけばインストールは完了します．
　Rを起動したらコンソール画面に1+2と入力してエンターキーを押してみてください．3という答えが返ってきたら，これであなたもRのユーザーで

---

[1] https://cran.r-project.org/
　　場合によっては，日本国内のミラーサイト https://cran.ism.ac.jp/（統計数理研究所），http://cran.ism.ac.jp/（統計数理研究所），http://ftp.yz.yamagata-u.ac.jp/pub/cran/（山形大学）も利用してください．

[2] インストールには管理者権限が必要になります．

す．

　本書の1章から5章まではBaseのRしか使っていません．ベイズ統計の基礎を理解するにはそれで大丈夫です．しかし実務では面倒な仕事を手早く済ませることが大切ですので，ベイズ統計用のパッケージを使うのが実際的でしょう．`MCMCpack`, `bayesm`, `coda`, `rstan`などのパッケージが有用でしょう．これらのパッケージと使用例のマニュアルもインターネット上から無料でダウンロードできます．

　PCの自分用のカスタマイズとしては，Rのファイルを保存するフォルダ名には半角英数字を使うこととフォルダ名にスペースや特殊な記号を用いないことに気をつけてください．できればDドライブのルートの下に作業用のディレクトリを作るのが無難です．

■ RStudio のインストール

　Rが商用の統計プログラムと比べて劣っているのがGUI（グラフィック・ユーザー・インターフェース）です．もちろんRに慣れたベテランユーザーであればRに標準でついているエディターだけでRを使いこなせるでしょう．

　しかし一般のユーザー，特に初心者はRの統合環境としてRStudioを導入することをお勧めします．このプログラムは https://www.rstudio.com/ にアクセスすれば無料でダウンロードできます．RStudioのショートカットをクリックして起動すると，初回は3つのパネルが出ます．

　1）パネル右上のNewProjectをクリックして保存ディレクトリを決め，自分のやりたい作業単位に任意のプロジェクト名を与えます．プロジェクト名には日本語も使えるのですが，これも半角英数字にしておく方が無難です．

　2）CtrlキーとShiftキーを押しながらNを押すと，画面が次の図のような4分割の画面に変わります．

　3）左上がスクリプトパネルといって，この中でコードを作成すると快適に作業ができます．

　右上のパネルはワークスペースといって，自分が定義した変数と作成データが確認できます．右下のファイルパネルではファイル管理ができ，またグラフが出力されます．先に述べたパッケージの追加インストールも右下のパネルを使って操作できます．このようにRStudioは操作が便利な反面，画面が4分

196　付　録

割されますので，PCのディスプレイはできれば大画面の機種を使うのがよいでしょう．

B. RによるStan入門

B.1 rstanのインストール

　Stanは，HMC（ハミルトニアン・モンテカルロ法）という次世代のシミュレーション手法を利用するベイズ推定のための汎用的なプログラムです[3]．Stanは，汎用かつ高速な演算ができるプログラムであるC++を利用して様々なプラットフォームで動かすことができます．ここではR上でパッケージrstanを利用する方法を紹介します．まずはインストール方法です．ここではPCでOSにWindows10，またRのバージョンは3.2.3，パッケージrstanのバージョンは2.9.0を想定しています．

　3）　Stanの公式ホームページはhttp://mc-stan.org/interfaces/

Rの環境はできているとします．またC++のコンパイラと連携するRtoolsを導入しているとします．Rtoolsに関してはお使いの環境によって異なるので，詳しくはWEBページをご覧ください[4]．次にR上でStanを動かすことのできるパッケージrstanをインストールします．まずはRを立ち上げます．そして次のコマンドを入力してください[5]．

```
install.packages("rstan", dependencies = TRUE)
```

少々時間がかかるかもしれませんが問題がなければ，インストールは完了です．コンソール上で，

```
library(rstan)
```

と入力してエラーが起きなければ，R上でStanを利用できます．

B.2 R上での実行例

RとStanは異なるプログラミング言語です．しかしrstanを使うことでR上でStanを扱うことができます．ここでは，データの準備はRで行い，推定の部分はStanで行う方法を紹介します．

Stanのコードは，主に3つのブロックから構成されています．データを指定するブロック（data），推定するパラメータを指定するブロック（parameters），そしてモデルを記述するブロック（model）です．この最初の部分であるdataブロックで，データの指定をします．その際にRのリスト形式のオブジェクトと対応しなくてはなりません．Stanを実行する際には，Rのリスト形式についての知識が必要なので，Stanの説明の前に，Rにおけるリスト形式のオブジェクトの説明をします．

---

[4] http://github.com/stan-dev/rstan/wiki/Rstan-Getting-Started-%28Japanese%29．
[5] またはメニューから「パッケージ」を選び，「パッケージのインストール」をクリックしてください．するとパッケージの一覧が表示されます．そこでrstanを探して選択してください．

■ Rのリスト

リスト形式のオブジェクトは，長さの異なるベクトルや行列，そしてリスト自身などR上の様々な形式のオブジェクトをまとめておける便利なオブジェクト形式です．簡単な例で示しましょう．たとえば，3次のベクトル x と $2×2$ の行列 Y を1つのリストとしてまとめると次のようになります．

```
x <- c(1,2,3)#3次のベクトル定義
Y <- matrix(c(1,2,3,4),2,2)#2×2の行列定義
#zというリストにxとyを代入
(z <- list(a=x,b=Y)) # ベクトルxにはa，行列yにはbというオブジェクト名を付ける

$a
[1] 1 2 3

$b
     [,1] [,2]
[1,]    1    3
[2,]    2    4
```

ここで定義したリスト z には，ベクトル a と行列 b が入っています．このようにリストには，様々な形式のオブジェクトを入れておくことができます．Stan にデータを受け渡す場合は，サンプル・サイズ（スカラー）とデータ（ベクトル・行列）など混合した形式のオブジェクトをまとめてリスト形式のオブジェクトに入れておく必要があります．

■ モデル例1：線形回帰モデル

次に，Stan で分析できるようにデータを読み込み，加工していきます．ここではより実践的に，仮想のデータで説明することにしましょう．ここで例として使うのは，基礎的な統計モデルである線形回帰モデルです．データとして個人 i の基準変数 y_i としてあるブランドの好意度（10段階，大きければ大きいほど好ましい），説明変数として年齢 x_{i1} と性別 x_{i2}（男性ならば0，女性ならば1）を想定します．つまり，年齢と性別でブランドの好意度に違いがあるかを検証するモデルになります．実際のモデルとして数式で書くと，次のよう

になります．

$$y_i = \beta_0 + \beta_1 x_{i1} + \beta_2 x_{i2} + e_i, \quad e_i \sim N(0, \sigma^2) \quad (B.1)$$

ここで β_0 は切片パラメータで，β_1 と β_2 は偏回帰係数パラメータです．この部分が説明変数の影響度を規定します．誤差項 e_i は，正規分布に従っており，σ^2 は分散パラメータです．これらの4つの未知（値が確定していない）のパラメータをデータからベイズ推定します．(B.1) 式は，正規分布の平均移動の性質を使って，次のように書くことができます．

$$y_i \sim N(\beta_0 + \beta_1 x_{i1} + \beta_2 x_{i2}, \sigma^2) \quad (B.2)$$

(B.2) 式の意味は，$\beta_0 + \beta_1 x_{i1} + \beta_2 x_{i2}$ を平均として，y_i が正規分布に従っていることを示しています．(B.1) 式と (B.2) 式は同じ意味を持ちますが，実際にプログラミング上で統計モデル，すなわちベイズ統計学における尤度関数を記述する際には (B.2) 式の形式が扱いやすいでしょう．

次にさらに効率的にモデルを記述するために，(B.2) 式を n 人分まとめて行列・ベクトル形式で書くことにしましょう．なぜそのようなことをするかというと，次のような実践的なメリットがあるからです．(a) R と Stan などの行列を扱えるプログラミング言語において記述を簡単にできることと，(b) 計算速度をループ処理などの繰り返しを使うよりも速めることができるからです．また (c) 上記のモデルは切片と2つの説明変数からなるモデルですが，説明変数が増減したとき，行列・ベクトル形式であるとデータ入力後のプログラム上の記述を変えなくてよい利点があります．行列・ベクトル形式は，慣れないうちはとっつきにくいかもしれませんが，このように実践的にモデルを作成する際にはたくさんのアドバンテージがあります．ここで y_i と x_{ij} に関して，n 人分まとめると次のようになります．

$$\boldsymbol{y} = \begin{pmatrix} y_1 \\ \vdots \\ y_i \\ \vdots \\ y_n \end{pmatrix}, \quad \boldsymbol{X} = \begin{pmatrix} 1 & x_{11} & x_{12} \\ \vdots & \vdots & \vdots \\ 1 & x_{i1} & x_{i2} \\ \vdots & \vdots & \vdots \\ 1 & x_{n1} & x_{n2} \end{pmatrix} \quad (B.3)$$

$\boldsymbol{y}$ は n 次のベクトル，$\boldsymbol{X}$ は $n \times 3$ の行列です．ここで $\boldsymbol{X}$ は，先ほどの2つの説明変数を列ベクトルとしている以外にも，1列目に1を加えています．この部分は切片の部分に対応します．このようにすると，切片と説明変数を区別す

ることなく一括でモデルを記述できます（以後，説明変数行列には 1 列目に 1 を含めてあります）．次に推定する切片と偏回帰係数パラメータを次のように 3 次のベクトルで表します（以後，この章では切片と偏回帰係数をまとめて偏回帰係数パラメータと呼びます）．

$$\boldsymbol{\beta} = \begin{pmatrix} \beta_0 \\ \beta_1 \\ \beta_2 \end{pmatrix} \tag{B.4}$$

すると，個人ごとではなくサンプル全体を 1 つの式で記述することができます．

$$\boldsymbol{y} \sim N_n(\boldsymbol{X\beta}, \sigma^2 \boldsymbol{I}_n) \tag{B.5}$$

ここで，$\boldsymbol{I}_n$ は $n \times n$ の単位行列です．$\sigma^2 \boldsymbol{I}_n$ の意味は，対角成分は σ^2 でそれ以外は 0，すなわちサンプル間で無相関を仮定しています．これは，$\boldsymbol{y}$ は平均 $\boldsymbol{X\beta}$，分散 $\sigma^2 \boldsymbol{I}_n$ の多変量正規分布に従っていることを示しています．これがベイズ推定における尤度関数を表す部分になります．行列・ベクトル形式で書かないと，ループ（繰り返し）を書かなくてはならず面倒で計算速度も遅くなりますので[6]，Stan では，なるべく行列・ベクトル形式でモデルを記述しましょう．

ベイズ推定をする際には，分析者は，事前分布の設定を行わなければなりません．以前ならば計算の都合上，利用する事前分布は限られていることが多かったのですが，Stan の場合は任意の分布を設定することができます．ここでは以前から使われてきた設定方法（自然共役分布）を利用します．偏回帰係数パラメータ β には多変量正規分布，誤差項の分散パラメータ σ^2 には逆ガンマ分布を設定します．どちらの事前分布も情報は少ないように，すなわち事前分布の分散が大きいように設定します．具体的には偏回帰係数パラメータ β については $\beta \sim N_3(0, 1000 \boldsymbol{I}_3)$，誤差項の分散パラメータ σ^2 については $\sigma^2 \sim IG(0.001, 0.001)$ とします．

次に実際のデータを見ましょう．図 B.1 のような 1 行目にラベルの付いた CSV 形式のデータを利用します．

---

[6] ここで紹介するサンプル・サイズの線形回帰モデル程度の場合なら，計算の速度は気にする必要はありませんが，発展的なモデルの場合に行列・ベクトル形式で記述しないと，計算が遅くなる場合があります．

B. RによるStan入門　　201

	A	B	C	D
1	uid	選好度	年齢	性別
2	1	7	32	1
3	2	7	30	1
4	3	7	42	1
5	4	7	22	1
6	5	4	39	0
7	6	4	39	0
8	7	7	52	1
9	8	7	35	1
10	9	7	42	1
11	10	4	27	0
12	11	4	45	0
13	12	9	55	1
14	13	4	31	0
15	14	7	36	1
16	15	7	51	1
17	16	7	47	1
18	17	4	28	0
19	18	7	34	1
20	19	8	34	1
21	20	5	48	0

図B.1 使用するCSV形式のデータ Data1.csv（Excelで開いた場合）

1列目（A列）はユニークID，2列目（B列）は基準変数yに対応するデータ，3列目（C列）と4列目（D列）が説明変数Xに対応するデータです．またサンプル・サイズは20です．

このデータをR上に読み込ませます．その方法には，コピーアンドペーストを使う方法[7]などありますが，ここではデータのある場所を指定して読み込む方法を利用します．Rを開いて次のコマンドを実行します．

```
# データの作業場所を指定※場所は各自で変更をしてください
# フォルダの区切りは"/"であることに注意
setwd("C:/Users/xxx/xxx")
# 作業場所にあるデータを読み込ませる
Data <- read.csv("Data1.csv")
```

StanのデータとしてStanに読み込ませるにあたり，基準変数と説明変数を指定して

---

7) たとえば，Data1.csvをExcelで開いてA1からD21をコピー（Ctrl＋C）して，

```
Data <- read.delim("clipboard")
```

とする方法もあります．

リスト形式のオブジェクトを作成します．

```
# サンプル・サイズ
n <- nrow(Data)
# 基準変数ベクトル
y <- Data[,"選好度"]
# 説明変数行列※ここでは切片も含む
X <- cbind(1,Data[,"年齢"],Data[,"性別"])
# 偏回帰係数ベクトルの次元数※切片の数も含む
m <- ncol(X)
# リストとしてまとめる
# (サンプル・サイズ，偏回帰係数ベクトルの次元数，基準変数ベクトル，説明変数行列)
data_list <- list(n=n,m=m,y=y,X=X)
```

これで Stan で利用するデータを，R のリスト形式でまとめることができました．

次に Stan のコードを作成します．R 上ではなく，別のソースとしてテキストエディタで編集して，分析の際に R 上に読み込ませる方法もあるのですが，ここでは R 上で Stan のコードを編集する方式（R 上の文字列のオブジェクトを読み込む方式）を利用します．Stan のコードを書いた文字列オブジェクトを R 上に次のように打ち込みます．

```
LinearRegression <-'
 //data ブロック
 data{
  int<lower=0> n;//サンプル・サイズ
  int<lower=0> m;//説明変数の数※切片を含む
  vector[n] y;//基準変数ベクトル
  matrix[n,m] X;//説明変数行列※切片を含む
 }
 // parameters ブロック
 parameters{
  vector[m] beta;//偏回帰係数パラメータ※切片を含む
  real<lower=0> sigma2;//誤差項の分散（スカラー）
 }
 //model ブロック
 model{
  beta~normal(0,sqrt(1000));//beta の事前分布
  sigma2~inv_gamma(0.001,0.001);//sigma2 の事前分布
  y~normal(X*beta,sqrt(sigma2));//y の尤度関数
 }
'
```

LinearRegression <- 'xxx' のようにクォーテーションでくくられた部分は，文字列データを LinearRegression というオブジェクトに入れるということを表しています．ここでは Stan 上のコードを文字列データで Linear-Regression に入れて，分析の実行の際に利用します．

　Stan のコードは，大きくは3つのブロックからなっています．最初の data ブロックはデータを指定する部分で，R のリストで定義をしたオブジェクト名を指定します．Stan でデータやパラメータを扱う際には，その配列の大きさ（スカラーか，何次のベクトルかなど）や範囲を最初に宣言します．// (もしくは/*~*/) は，Stan 上においてコメントの部分になり，コードには影響しません．また区切りにはセミコロン；を利用します．

　int はスカラー形式の整数を宣言する際に使います．その後の<>でくくられた部分は，その値の範囲を指定する部分です．サンプル・サイズと説明変数の数は整数のスカラーなのでこれを使用します．具体的にはサンプル・サイズは int<lower=0> n，説明変数の数は int<lower=0> m と記述します．

　基準変数 y ですが，これは n 次のベクトルです．これを vector[n] として宣言しています．[ ]の中に何次のベクトルを指定します．ここでは先ほど宣言した n を使って n 次のベクトルと宣言しています．次に説明変数 X ですが，matrix[n,m] として指定します．[,] には何行何列の行列かを指定します．ここでは n 行 m 列と指定しています．ここで宣言した変数がRでまとめたデータのリストにあるか，また行数や列数がRで作成したリスト内のベクトルや行列と同一でないとエラーになるので，確認して進めることをお勧めします．

　次の parameters ブロックでは，ベイズ推定するパラメータを指定します．この線形回帰モデルでは，偏回帰係数パラメータ β は beta (m 次のベクトル) とします．また誤差項の分散パラメータ σ^2 は sigma2 とします．この2つのパラメータが，Stan の分析アウトプットとして得られます．

　ここでも data ブロックと同様に，配列の大きさと，値のとりうる範囲を指定します．beta は3次のベクトルです．ここでは範囲は指定していません．また sigma2 はスカラーですが，分散パラメータなので，とりうる範囲は（負ではなくて）0以上の数になります．スカラーの実数を宣言するには real を使い，先ほどと同様に <> でくくられた部分で下限値の範囲を指定します．

最後の model ブロックでは,利用するモデルを指定します.ベイズ・モデルは事前分布と尤度関数という2つから成り立っており,それらを記述します[8].まずは事前分布です.先ほど述べたように,beta は多変量正規分布 $\beta \sim N_3(0, 1000\,I_3)$ に従うとします.また sigma2 は,逆ガンマ分布 $\sigma^2 \sim IG(0.001, 0.001)$ に従うとします.Stan で,変数がある分布に従っているとする場合には,"変数~確率分布(形状を指定するパラメータの引数)"という形式で記述します.たとえば,変数が正規分布に従っている場合には,"変数~normal(**平均パラメータ,標準偏差パラメータ**)"とします.分散ではなく,その平方根の標準偏差であることに注意してください.beta は3次元の多変量正規分布ですが,その場合,平均パラメータはベクトル,分散パラメータは行列でなくてはなりません.しかし Stan では無相関かつ同一の分散の場合は,行列ではなく1つの標準偏差(スカラー)を指定すればよく(この場合は $\sqrt{1000}$),また平均パラメータも同一ならばベクトルではなく1つの平均(スカラー)を記述すれば大丈夫です.ここでは beta~normal(0,sqrt(1000)) として,β の事前分布を記述しています.

次に sigma2 ですが,これは逆ガンマ分布に従っているとします.Stan 上では,inv_gamma(**形状パラメータ,尺度パラメータ**)"とします.よって sigma2~inv_gamma(0.001,0.001) としています.

事前分布の記述が終わったら,次に尤度関数の記述をします.(B.5) 式の $y \sim N_n(X\beta, \sigma^2 I_n)$ を Stan のコードに記述します.行列とベクトルの積は演算オペレーター * を使って表します.そして先ほど述べた正規分布の記述法を使って,y~normal(X*beta,sqrt(sigma2)) とします.

これで Stan のコードの記述が終わりました.次にこのコードを R 上で実行します.そのために,まずは R 上で rstan パッケージを呼び出します.

```
library(rstan)
```

必要に応じて,CPU がマルチコアの場合に並列化計算を行うことを指定する次のコードを実行してください.

---

8) Stan では,実は事前分布の指定は必須ではありません.その場合は improper な無情報の事前分布を指定したことになります.

```
rstan_options(auto_write = TRUE)
options(mc.cores = parallel::detectCores())
```

次に R 上で先ほどのコードを実行します．これを実行すると，コンパイルされ HMC による事後分布のシミュレーションが始まります．分析時には，計算を大量に行うので多少は時間がかかります．

```
#Stan の実行
fit <- stan(model_code=LinearRegression,data=data_list,iter=1000,chains=4)
```

ここでは rstan の関数 stan で分析を実行し，その結果を fit というオブジェクトに入れています．引数の説明をすると，model_code は，stan のコードを指定する部分です．先ほどの Stan のコードを書いた文字列オブジェクトである LinearRegression を指定しています．data は，R 上のリスト形式でまとめたデータを指定する部分です．すでに作成しておいた data_list を指定しています．iter と chains は，シミュレーションの繰り返し数と，その連鎖を何個にするかを決める部分です．ここでは繰り返しの数を 1000 回，連鎖の数を 4 個に設定してあります．

計算が終わったら，早速結果を見てみましょう．まずはシミュレーションの結果をコンソール上で表示するには，次のようにします．

```
# コンソールに出力
print(fit)
```

すると次のような文字列がプリントされます．

```
Inference for Stan model:LinearRegression.
4 chains, each with iter=1000;warmup=500;thin=1;
post-warmup draws per chain=500, total post-warmup draws=2000.

         mean se_mean   sd   2.5%   25%   50%   75% 97.5% n_eff Rhat
beta[1]  3.24  0.02   0.55   2.14  2.89  3.25  3.61  4.25   638 1.00
beta[2]  0.02  0.00   0.01   0.00  0.02  0.02  0.03  0.05   620 1.00
beta[3]  3.03  0.01   0.26   2.54  2.85  3.03  3.20  3.55   974 1.00
sigma2   0.29  0.00   0.11   0.14  0.21  0.27  0.34  0.57   721 1.00
lp__     3.13  0.07   1.57  -0.63  2.27  3.45  4.32  5.19   448 1.01
```

```
Samples were drawn using NUTS(diag_e) at Mon xx xx xx:xx:xx 20xx.
For each parameter, n_eff is a crude measure of effective sample size,
and Rhat is the potential scale reduction factor on split chains (at
convergence, Rhat=1).
```

 Stanによる分析では，乱数を利用するので，実際には少し表示の数値に違いがあるかもしれません．1000回の乱数列のうち，後半の500回を推定に利用しており，それを4回繰り返したので合計2000個の乱数列を推論に利用しています．中段の数値が推定の結果になります．まずRhatという部分が一番右側にありますが，これは1に近いほどシミュレーションした分布への収束がよいという指標で，乱数で得られた数値の信頼性を示すものです．ここではすべて1に近いので，この結果は数値的に信頼できると考えてもよいでしょう．

 そして偏回帰係数betaは，それぞれ切片（beta[1]），年齢（beta[2]），性別（beta[3]）に対応しますが，その事後平均は（mean），3.24，0.02，3.03になっています．すなわち年齢が上がるほど好意度が大きくなる，また男性より女性の方が，好意度が高いことを示しています．その他，事後分布の標準偏差（sd）やパーセンタイルも表示しています．

 次にもう1つのアウトプットの表示のさせ方として，グラフィカルに表現する方法があります．事後分布のヒストグラムと散布図を表示させるには次のようにします．

```
# グラフで出力
pairs(fit)
```

すると図B.2のように，表示がされます．

 またStanの分析結果を簡潔に見たいときは，printを使えばよいのですが，もっと詳しく自分で計算して色々な結果を見たい場合は，Stanの乱数列の結果を，extract関数を使ってRのオブジェクトに受け渡すことができます．

```
out <- extract(fit, permuted=TRUE)
```

リストoutには各パラメータの乱数列が入れてあります．これを使って，パラメータ間の比較や，数値が0以上の確率を求めるなど，R上で再分析をする

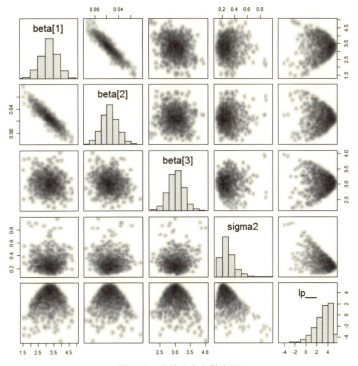

図 B.2 事後分布と散布図

ことができます.

■モデル例 2:ロジスティック回帰モデル

　もう 1 つ例を紹介しましょう. 今度は, マーケティングをはじめ様々な分析に使われるロジスティック回帰モデルを推定してみます. ロジスティック回帰モデルは, 先ほど紹介した線形回帰モデルのアドバンスなモデルになります. 先ほどの線形回帰モデルでは, 基準変数が連続変数でした. このロジスティック回帰モデルは, 基準変数が 2 値の離散変数 (1 か 0) になります. たとえば商品を「購入する・購入しない」, サービスを「利用する・利用しない」, WEB 上で「クリックした・クリックしない」などが 2 値の離散変数になります. そしてロジスティック回帰モデルでは, その確率を予測するモデルを構築します. それを Stan でベイズ推定してみましょう.

	A	B	C	D
1	uid	牛丼店の利用	年齢	性別
2	1	0	31	0
3	2	1	40	0
4	3	1	74	0
5	4	0	15	1
6	5	0	34	0
7	6	0	63	1
8	7	1	19	0
9	8	1	59	0
10	9	0	61	0
11	10	0	36	1
12	11	1	45	0
13	12	0	71	1
14	13	0	33	0
15	14	0	42	0
16	15	0	73	0
17	16	1	24	1
18	17	0	53	1

図 B.3 牛丼店の利用データ Data2.csv

まずはロジスティック回帰モデルの説明をします．ここでは，実際のデータを利用します．データは，2013年10月に訪問調査（NOS；日本リサーチセンター・オムニバス・サーベイ）で得られたものです．サンプル・サイズは，全国15~79歳の1200人で，ここでは牛丼店の利用データ Data2.csv を利用します．

説明変数は先ほどと同様で，年齢 x_{i1} と性別 x_{i2} の2つとします．基準変数 y_i は調査時点から3か月以内に，牛丼店を「利用した・利用していない」のデータになります（「利用した」が「1」，「利用していない」が「0」とします）．つまり年齢 x_{i1} と性別 x_{i2} で，牛丼店の利用がどれくらい異なるかを説明するモデルになります．尤度関数としては，試行数が1回の2項分布（ベルヌーイ分布）を利用します．

$$y_i \sim binomial(1, p_i) \qquad (B.6)$$

ここで，p_i は牛丼店の利用確率を示すパラメータです．これをたとえば男性は利用確率が高く，女性は低いというように，説明変数を付け加えてモデル化します．ロジスティック回帰モデルでは，先ほどの線形回帰モデルのように p_i に直接線形モデルをリンクさせるのではなく，次で説明するように2段階で p_i と線形モデルをリンクさせます．

まず年齢 x_{i1} と性別 x_{i2} を説明変数とした線形モデルを次のように表します．

$$v_i = \beta_0 + \beta_1 x_{i1} + \beta_2 x_{i2} \tag{B.7}$$

ここで β_0 は切片パラメータで，β_1 と β_2 は偏回帰係数です．この値をベイズ推定します．このモデルを，ベクトルの表記方法を使って書き直すことができます．説明変数ベクトルを $\boldsymbol{x}_i = (1, x_{i1}, x_{i2})'$，偏回帰係数パラメータを $\boldsymbol{\beta} = (\beta_0, \beta_1, \beta_2)'$ とすると（B.7）式は次のようになります．

$$v_i = \boldsymbol{x}_i' \boldsymbol{\beta} \tag{B.8}$$

もし説明変数の数を1つ増やしたい場合は，（B.7）式の書き方では $v_i = \beta_0 + \beta_1 x_{i1} + \beta_2 x_{i2} + \beta_3 x_{i3}$ のように追加しなくてなりませんが，ベクトルを利用した場合は，プログラム上で書き直す必要ないので汎用的な表現といえるでしょう．実務的な分析場面では，変数の数を増減させて再分析をすることが多いので，なるべくベクトル・行列形式でモデルを記述することをお勧めします．

次にこの線形モデルを，次のように p_i の関数としてリンクさせます．

$$p_i = \frac{1}{1 + \exp(-v_i)} \tag{B.9}$$

このモデルをロジスティック回帰モデル，または2項ロジット・モデルといいます．もし線形モデル v_i が正に大きくなったら，右辺分母の $\exp(-v_i)$ は0に近づきます．よって利用確率 p_i は，1に近づきます．反対にもし線形モデル v_i が負の方向に大きくなったら，利用確率 p_i は0に近づきます．また v_i が0になる部分では利用確率は0.5になります．それを図示すると図B.4のようになります[9]．

線形モデル v_i の値の理論的なとりうる範囲は，$-\infty$ から ∞ ですが，利用確率 p_i の範囲は0から1の範囲になっていることがわかると思います．もし $p_i = \boldsymbol{x}_i' \boldsymbol{\beta}$ と利用確率と線形モデルをリンクさせてしまうとその範囲は0と1を超えてしまう可能性がありますが，ロジスティック回帰モデルではそのような不都合はおきません．

---

[9] 図B.4はR上で，次のようなコマンドを打ち込んで作成しました．

```
# ロジスティック回帰モデルの関数定義
p_i <- function(v_i) 1/(1+exp(-v_i))
# 関数のプロット
plot(p_i,-5,5,xlab="v_i",ylab="p_i")
# 補助線の描画
abline(h=1,lty=2);abline(h=0,lty=2);abline(v=0,lty=2)
```

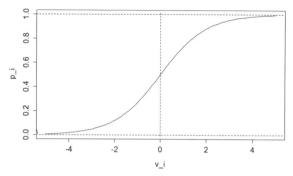

図 B.4 ロジスティック回帰モデル

また (B.6) 式におけるパラメータは p_i ですが，これを直接推定するのではなく，(B.7) 式の線形モデル中のパラメータ β を推定することになります．

それでは，これを Stan で推定してみましょう．まずは分析データ (Data2.csv) を，R 上に読み込ませます．そして R 上でリスト形式の分析用データを作成します．

```
# データの作業場所を指定※場所は各自で変更をしてください．
setwd("C:/Users/xxx/xxx")
# 作業場所にあるデータを読み込ませる
Data <- read.csv("Data2.csv")
# 分析用データの作成
# サンプル・サイズ
n <- nrow(Data)
# 基準変数（行った=1,行かなかった=0）
y <- Data[,"牛丼店の利用"]
# 説明変数行列※切片を含む
X <- cbind(1,Data[,"年齢"=,Data[,"性別"])
# 偏回帰係数の数※切片を含む
m <- ncol(X)
# リストとしてまとめる
data_list <- list(n=n,m=m,y=y,X=X)
```

次にロジスティック回帰モデルの Stan のコード LogisticRegression を読み込ませておきます．

```
#Stan のコード
LogisticRegression <- '
```

```
data{
  int<lower=0> n;//サンプル・サイズ
  int<lower=0> m;//説明変数の数
  int<lower=0,upper=1> y[n];//基準変数の配列
  matrix[n,m] X;//説明変数行列
}
parameters{
vector[m] beta;//偏回帰係数ベクトル※切片を含む
}
model{
beta~normal(0,sqrt(1000));//betaの事前分布
y ~ bernoulli_logit(X*beta);//尤度関数
}
'
```

先ほどの LinearRegression と似た形式で記述しましたが，ロジスティック回帰モデル用に少し変更しています．先ほどの線形回帰モデルは，基準変数が連続変数であるのに対して，ロジスティック回帰モデルは 0（「牛丼店に行った」）か 1（「牛丼店に行かなかった」）です．そこで整数かつ 0 か 1 とする範囲制限して，int<lower=0,upper=1> y[n] としてあります．ここで y[n] としていますが，整数の値が n 個あるという意味（配列形式）です．

次にモデルの部分で，事前分布と尤度関数の部分を指定しています．まず先ほどの線形回帰モデルと同様に偏回帰係数パラメータ β については $\beta \sim N_3(0, 1000\,I_3)$ を利用しています．次に尤度関数の部分ですが，Stan には，ロジスティック回帰モデルを指定する関数があり，それが bernoulli_logit の部分にあたります．ここでは，括弧内の引数に線形モデル v_i にあたる部分を各個人のスカラー形式ではなくて，説明変数行列 × 偏回帰係数ベクトルで X*beta としています．また確率変数の部分に n 人分の 1 と 0 の基準変数を指定しています．ちなみにこの部分は繰り返しの表現 for を使うこともできます．その場合は，y ~ bernoulli_logit(X*beta) の部分を書き換えて次のようにします．

```
for (i in 1:n)
  y[i] ~ bernoulli_logit(X[i]*beta);
```

しかしこちらの方は少し速度が落ちます．
次に Stan で分析を行いましょう．

```
#rstanの呼び出し
library(rstan)
rstan_options(auto_write = TRUE)
options(mc.cores = parallel::detectCores())

#Stanの実行
fit <- stan(model_code=LogisticRegression,data=data_list,iter=1000,
chains=4)

# 結果の表示
print(fit)
```

すると次のような結果が表示されます.

```
Inference for Stan model:LogisticRegression.
4 chains, each with iter=1000;warmup=500;thin=1;
post-warmup draws per chain=500, total post-warmup draws=2000.

          mean se_mean   sd    2.5%    25%    50%    75%  97.5% n_eff Rhat
beta[1]   1.58    0.01 0.20    1.19   1.44   1.57   1.73   1.96   471 1.01
beta[2]  -0.04    0.00 0.00   -0.05  -0.04  -0.04  -0.04  -0.03   498 1.01
beta[3]  -0.98    0.00 0.13   -1.24  -1.06  -0.98  -0.89  -0.73   684 1.00
lp__   -683.53    0.05 1.15 -686.53 -684.09 -683.25 -682.68 -682.16   580 1.00

Samples were drawn using NUTS(diag_e) at xxx xxx xxx xxx 20xx.
For each parameter, n_eff is a crude measure of effective sample size,
and Rhat is the potential scale reduction factor on split chains (at
convergence, Rhat=1).
```

偏回帰係数ベクトルbetaは,それぞれ切片(beta[1]),年齢(beta[2]),性別(beta[3])に対応します.その事後平均(mean)は,1.58,-0.04,-0.98になっています.年齢が上がるほどv_iが小さくなる,すなわち利用確率p_iは低くなる,また男性より女性の方が利用確率p_iが低くなることを示しています.また,年齢(beta[2])と性別(beta[3])の信用区間95%でマイナスになっているので,その解釈は統計的に正しい可能性が高いといえるでしょう.

ここでは,データの読み込みから,Stanのコードを記述してそれを実行する方法を,線形回帰モデルとロジスティック回帰モデルを例に説明を行いました.rstanの実用上のポイントは,R上でデータをリスト形式で用意するこ

と，Stan のコードは主に 3 つの部分，データ，推定パラメータ，モデルを記述する部分に分かれていることです．そのために利用するデータはどのような形式か，推定するパラメータはどれか，どのようなモデルを使うのかを分析者は明確にする必要がありますが，むしろ設定さえできれば，細かい計算プログラムを作成せずとも，十分ベイズ統計学を使いこなせます．またここでは，実務的に使うことを意識し，すなわちトライアンドエラーで変数を入れかえて分析すること，簡潔にコーディングすること，またさらなる応用を意識して，ベクトル・行列形式でモデルを記述しました．最初は難しいかもしれませんが，むしろ Stan で自らいろいろプログラミングをすることでベイズ統計学になれてくることと思います．また Stan のホームページには，2016 年現在で様々なモデルの例が出ていますので[9]，これを参考に様々なモデルの推定にチャレンジしてみてはいかがでしょうか．

---

9) http://mc-stan.org/documentation/

索　引

欧文

Bass モデル　176
bayesm　138
BETA.DIST　63
BINOM.DIST　62

HMC　196

iid　12

MSE　148,166

pdf　8
posterior　30
prior　30

R　194
rstan　196
RStudio　195

Stan　162,196

VLOOKUP　46

Winkler のモデル　173

ア 行

アダプティブ・テスト　45

一様分布　17,67
イノベーション普及　175
因子分析　185

カ 行

階乗　12
階層ベイズ・モデル　124
確認的因子分析　187
確率　2
確率関数　5
確率分布　5
確率変数　4
確率密度　9
確率密度関数　8
カーネル　33
過分散　90
ガンマ分布　17,78

機械学習　37
規格化定数　33
ギブス・サンプリング　105
逆ウィシャート分布　150
逆カイ二乗分布　150
逆確率の定理　27
逆ガンマ分布　19,108,200
逆行列　22
教師あり学習　37
行列　20

空間重み行列　158
空間統計モデル　152
グループインタビュー　75

形態素解析　40

交換可能　78
コンジョイント分析　133

サ 行

最小二乗法 146
最頻値（モード） 13, 19, 34
最尤法 54

識別性の問題 137
時系列データ 89
事後分布 34
試写テスト 50
自然共役事前分布 66
自然共役分布 200
事前分布 34
視聴率 50
周辺化 6
周辺確率 6
準探索的な因子分析 188
条件付き確率 7, 38, 39
詳細釣り合い条件 112
信用区間 58, 111

推移核 104
推移行列 100
水準 133
スカラー 23
スパムメール 36

正規化定数 33
正規分布 15, 67, 85
　　——のベイズ推定 108
斉次性 99
全確率の公式 26
線形回帰モデル 198
選好度 133

属性 133

タ 行

台 64
対角行列 22
多変量正規分布 23

探索的因子分析 186
逐次合理性 45
中央値（メジアン） 57
提案分布 113
定常分布 101
転置 22

同時確率 6, 39
同時分布 24
独立 3
独立同一分布 12, 78
独立連鎖 118

ナ 行

ナイーブベイズ 36

2項係数 12
2項分布 12, 85
二変量正規分布 118

ネイピア数 74

ハ 行

排反 2
ハミルトニアン・モンテカルロ法
　　162, 169, 196
パラメータ 12

標準正規分布 8
標準偏差 15
標本 29

フィルタリング 36
部分効用 134
ブランド・イメージの測定 184
分散 15
分散共分散行列 23

平均二乗誤差 148

ベイジアン因子分析　189
ベイジアン合意モデル　172
ベイズ，トーマス　35
ベイズ更新　34,83
ベイズの定理　25
ベクトル　22
ベータ分布　16,54
ベルヌーイ試行　11
変則事前分布　67

ポアソン分布　13,24,73,85
母集団　29

マ 行

マルコフ連鎖（マルコフチェーン）　23,97

メジアン（中央値）　57
メタ分析モデル　182
メトロポリス・ヘイスティングス・アルゴリズム　113

モード（最頻値）　13,19,34
モンテカルロ法　92

ヤ 行

尤度関数　34,53

予測の結合　171

ラ 行

ラプラス　35

離散型の確率変数　4
リスト形式のオブジェクト　202

累積分布関数　13

連続型の確率変数　8

ロジスティック回帰（モデル）　117,208
ロジット・モデル　161

■編著者紹介

朝野熙彦（あさの・ひろひこ）

千葉大学文理学部卒業，埼玉大学大学院修了．専修大学・東京都立大学・首都大学東京教授を経て，多摩大学および中央大学大学院客員教授．学習院マネジメントスクール顧問，リサーチ・アンド・ディベロプメント技術顧問，コレクシア アカデミック・アドバイザー，日本行動計量学会理事，日本マーケティング・サイエンス学会論文誌編集委員などを歴任．

〔主な著書〕

『最新マーケティング・サイエンスの基礎』講談社
『マーケティング・リサーチ』講談社
『入門共分散構造分析の実際』（共著）講談社
『入門多変量解析の実際（第2版）』講談社
『マーケティング・サイエンスのトップランナーたち』（編著）東京図書
『ビッグデータの使い方・活かし方』（編著）東京図書
『アンケート調査入門』（編著）東京図書
『Rによるマーケティング・シミュレーション』（編著）同友館
『新製品開発』（共著）朝倉書店
『マーケティング・リサーチ工学』朝倉書店

ビジネスマンがはじめて学ぶ
ベイズ統計学
── ExcelからRへステップアップ ──　　　定価はカバーに表示

2017年2月15日　初版第1刷
2019年3月20日　　　第3刷

編著者　朝　野　熙　彦
発行者　朝　倉　誠　造
発行所　株式会社　朝　倉　書　店
　　　　東京都新宿区新小川町6-29
　　　　郵便番号　162-8707
　　　　電話　03(3260)0141
　　　　FAX　03(3260)0180
　　　　http://www.asakura.co.jp

〈検印省略〉

© 2017〈無断複写・転載を禁ず〉　　　　真興社・渡辺製本

ISBN 978-4-254-12221-3　C 3041　　　Printed in Japan

JCOPY　〈出版者著作権管理機構　委託出版物〉

本書の無断複写は著作権法上での例外を除き禁じられています．複写される場合は，そのつど事前に，出版者著作権管理機構（電話 03-5244-5088, FAX 03-5244-5089, e-mail: info@jcopy.or.jp）の許諾を得てください．

早大 豊田秀樹著
はじめての 統計データ分析
―ベイズ的〈ポストp値時代〉の統計学―
12214-5 C3041　　A5判 212頁 本体2600円

統計学への入門の最初からベイズ流で講義する画期的な初級テキスト。有意性検定によらない統計的推測法を高校文系程度の数学で理解。〔内容〕データの記述／MCMCと正規分布／2群の差（独立・対応あり）／実験計画／比率とクロス表／他

早大 豊田秀樹編著
基礎からのベイズ統計学
―ハミルトニアンモンテカルロ法による実践的入門―
12212-1 C3041　　A5判 248頁 本体3200円

高次積分にハミルトニアンモンテカルロ法（HMC）を利用した画期的な初級向けテキスト。ギブズサンプリング等を用いる従来の方法より非専門家に扱いやすく、かつ従来は求められなかった確率計算も可能とする方法論による実践的入門。

日大 清水千弘著
市場分析のための 統計学入門
12215-2 C3041　　A5判 160頁 本体2500円

住宅価格や物価指数の例を用いて，経済と市場を読み解くための統計学の基礎をやさしく学ぶ。〔内容〕統計分析とデータ／経済市場の変動を捉える／経済指標のばらつきを知る／相関関係を測定する／因果関係を測定する／回帰分析の実際／他

筑波大 佐藤忠彦著
統計解析スタンダード
マーケティングの統計モデル
12853-6 C3341　　A5判 192頁 本体3200円

効果的なマーケティングのための統計的モデリングとその活用法を解説。理論と実践をつなぐ書。分析例はRスクリプトで実行可能。〔内容〕統計モデルの基本／消費者の市場反応／消費者の選択行動／新商品の生存期間／消費者態度の形成／他

成蹊大 岩崎 学著
統計解析スタンダード
統計的因果推論
12857-4 C3341　　A5判 216頁 本体3600円

医学，工学をはじめあらゆる科学研究や意思決定の基盤となる因果推論の基礎を解説。〔内容〕統計的因果推論とは／群間比較の統計数理／統計的因果推論の枠組み／傾向スコア／マッチング／層別／操作変数法／ケースコントロール研究／他

神戸大 瀬谷 創・筑波大 堤 盛人著
統計ライブラリー
空間統計学
―自然科学から人文・社会科学まで―
12831-4 C3341　　A5判 192頁 本体3500円

空間データを取り扱い適用範囲の広い統計学の一分野を初心者向けに解説〔内容〕空間データの定義と特徴／空間重み行列と空間的影響の検定／地球統計学／空間計量経済学／付録（一般化線形モデル／加法モデル／ベイズ統計学の基礎）／他

前首都大 朝野熙彦著
シリーズ〈マーケティング・エンジニアリング〉1
マーケティング・リサーチ工学
29501-6 C3350　　A5判 192頁 本体3500円

目的に適ったデータを得るために実験計画的に調査を行う手法を解説。〔内容〕リサーチ／調査の企画と準備／データ解析／集計処理／統計的推測／相関係数と中央値／ポジショニング／コンジョイント分析／マーケティング・ディシジョン

前首都大 朝野熙彦・法大 山中正彦著
シリーズ〈マーケティング・エンジニアリング〉4
新製品開発
29504-7 C3350　　A5判 216頁 本体3500円

企業・事業の戦略と新製品開発との関連を工学的立場から詳述。〔内容〕序章／開発プロセスとME手法／領域の設定／アイデア創出支援手法／計量的評価／コンジョイント・スタディによる製品設計／評価技法／マーケティング計画の作成／他

前慶大 蓑谷千凰彦著
統計分布ハンドブック（増補版）
12178-0 C3041　　A5判 864頁 本体23000円

様々な確率分布の特性・数学的意味・展開等を豊富なグラフとともに詳説した名著を大幅に増補。各分布の最新知見を補うほか，新たにゴンペルツ分布・多変量t分布・デーガム分布システムの3章を追加。〔内容〕数学の基礎／統計学の基礎／極限定理と展開／確率分布（安定分布，一様分布，F分布，カイ2乗分布，ガンマ分布，極値分布，誤差分布，ジョンソン分布システム，正規分布，t分布，バースシステム，パレート分布，ピアソン分布システム，ワイブル分布他）

上記価格（税別）は2019年2月現在